Einführung in Eis-, Schnee- und Lawinenmechanik

T0240341

Wolfgang Fellin

Einführung in Eis-, Schnee- und Lawinenmechanik

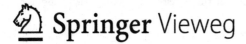 Springer Vieweg

Wolfgang Fellin
Institut für Infrastruktur
Arbeitsbereich Geotechnik und Tunnelbau
Universität Innsbruck
Innsbruck, Österreich

ISBN 978-3-642-25961-6
DOI 10.1007/978-3-642-25962-3

ISBN 978-3-642-25962-3 (eBook)

Die Deutsche Nationalbibliothek verzeichnet diese Publikation in der Deutschen Nationalbibliografie; detaillierte bibliografische Daten sind im Internet über http://dnb.d-nb.de abrufbar.

Springer Vieweg
© Springer-Verlag Berlin Heidelberg 2013
Springer Vieweg ist eine Marke von Springer DE. Springer DE ist Teil der Fachverlagsgruppe Springer Science+Business Media.
www.springer-vieweg.de

Für

Tanja, Jona und Niklas

Fixsterne in meiner Galaxie

Vorwort

Eis und Schnee scheinen auf den ersten Blick zu den Randgebieten des Bauingenieurwesens zu gehören. Zumindest in alpinen Gegenden gehören die beiden Formen des gefrorenen Wassers allerdings zum Alltag.

> Wie nennen Tiroler die vier Jahreszeiten?
> Jänner, Feber, Herbst und Winter

Skilifte werden am Gletschereis errichtet und betrieben, Schnee belastet Dächer und Lawinenverbauungen im Anbruchgebiet. Manche Bauwerke müssen sogar gegen Lawinendrücke bemessen werden – für Lawinendämme ist das ein Regellastfall. Durch Gefahrenzonenpläne wird der besiedelbare Raum abgesteckt. Zur Bearbeitung solcher Fragestellungen gibt es empirische Näherungen, analytische Formeln oder komplexe Computerprogramme. Alle diese Lösungsansätze basieren auf Modellen, welche durch Abstraktion und Vereinfachung der komplexen Realität gewonnen wurden. Die Aussagekraft und die Anwendung dieser Modelle unterliegt deshalb zwangsläufig (teils starken) Einschränkungen. Für eine fehlerfreie Anwendung und eine seriöse Interpretation der Ergebnisse ist das Wissen um diese Einschränkungen unverzichtbar. Eine Basis dazu liefert dieses Buch, in welchem gängige Modelle hergeleitet werden. Das Verständnis dieser Herleitungen hilft, eine bedenkliche „Black Box"-Anwendung von Formeln und Programmen zu verhindern.

Für eine weitere Vertiefung im Themenkomplex Eis kann ich sehr empfehlen: „Ice Mechanics: Risk to Offshore Structures" (Sanderson 1988) – schon etwas älter, aber leicht zu lesen – und „Creep and Fracture of Ice" (Schulson und Duval 2009) für den Stand der Wissenschaft. Der Schritt zur konkreten Anwendung der Schnee- und Lawinenmechanik findet sich im „Handbuch Technischer Lawinenschutz" (Rudolf-Miklau und Sauermoser 2011). Als weitere Lektüre zu Lawinen und Muren sind z.B. „Avalanche Dynamics: Dynamics of Rapid Flows of Dense Granular Avalanches"

(Pudasaini und Hutter 2006) und „Debris-flow hazards and related phenomena" (Jakob und Hungr 2005) gut geeignet.

Das Buch ist im Rahmen der Lehrveranstaltung „Schnee- und Eismechanik, Lawinenkunde" der Universität Innsbruck entstanden. Die Lehrveranstaltung richtet sich vorwiegend an Studierende der Bauingenieurwissenschaften (Master), wird aber regelmäßig auch von Studierenden anderer Fachrichtungen, wie der Geologie, der Geographie oder der Meteorologie, belegt. Der Text sollte damit für Bauingenieurinnen und Bauingenieure mit Bachelor-Diplom leicht zu lesen sein. Für andere Gruppen werden im Anhang die mindestens notwendigen mechanischen Grundlagen eingeführt, um den Anschluss an den Physikunterricht der Schulbildung zu finden.

Das Buch hat sich aus Studienblättern über ein Skript in die nun vorliegende Form gewandelt. Es ist damit eine Momentaufnahme einer kontinuierlichen Entwicklung, und es sind sicher noch einige Fehler darin versteckt. Über einen Meldung solcher an Wolfgang.Fellin@uibk.ac.at würde ich mich sehr freuen.

Innsbruck, Juli 2013   *Wolfgang Fellin*

Inhaltsverzeichnis

Kapitel 1
Eismechanik

1.1 Grundlagen

1.1.1 Wassermolekül und Wasserstoffbrückenbindung

Ein Wassermolekül besteht aus einem Sauerstoffatom O und zwei Wasserstoffatomen H: H_2O. Der Kern des Sauerstoffatoms befindet sich innerhalb eines gedachten Tetraeders, die Wasserstoffatome befinden sich in zwei Ecken, Abb. 1.1(a). Die Bindungselektronen werden stärker zum Sauerstoff gezogen, deshalb kommt es zu einem positiven Ladungsüberschuss beim Wasserstoff und einem negativen Ladungsüberschuss beim Sauerstoff, ein elektrischer Dipol entsteht. Orbits freier Elektronenpaare führen durch die freien Ecken des Tetraeders, hier konzentriert sich der negative Ladungsüberschuss.

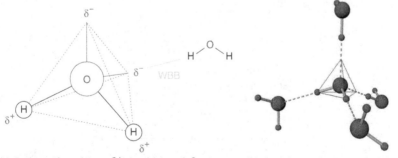

(a) Ladungsüberschüsse δ^+ (positiv) und δ^- (negativ), Wasserstoffbrückenbindung (WBB)

(b) Anordnung der Wassermoleküle im Eis

Abb. 1.1 Räumliche Anordnung der Atome im Wassermolekül.

Durch die Ladungskonzentrationen können sich Wasserstoffbrückenbindungen zu benachbarten Wassermolekülen bilden, Abb. 1.1(a). Es gibt dabei geometrisch 4 Bindungsmöglichkeiten, Abb. 1.1(b).

1.1.2 Phasen des Wassers

Wasser liegt je nach Druck und Temperatur in 3 Phasen (Aggregatzuständen) vor: fest – Eis, flüssig – Wasser, gasförmig – Wasserdampf. Temperaturen in Grad Celsius werden im Folgenden mit ϑ bezeichnet, Temperaturen in Kelvin mit T: $\vartheta = 0°C = 273,15\,K = T$. Für die Umrechnung der Druckeinheiten gilt: 1 bar = 10^5 Pa = 100 kN/m^2.

Phasenübergänge: Die Phasenübergänge heißen:

von / nach	Eis	Wasser	Wasserdampf
Eis	–	schmelzen	sublimieren
Wasser	gefrieren	–	verdunsten, verdampfen ($\vartheta \geq 100°C$)
Wasserdampf	resublimieren	kondensieren	–

Zum Schmelzen muss 333,5 J/g Schmelzwärme zugegeben werden.

Phasendiagramm: In dem (nicht maßstäblichen) Phasendiagramm Abb. 1.2 sind die Linien des thermodynamischen Gleichgewichtes eingetragen, d.h. bei den Druck-Temperatur-Verhältnissen auf den Linien wechseln statistisch gleich viele Moleküle von einer Phase in die andere und zurück. Die Massenanteile der beiden Phasen ändern sich nicht.

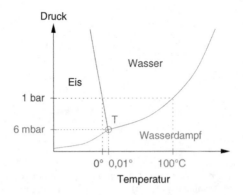

Abb. 1.2 Schematisches Phasendiagramm von Wasser (T ... Tripelpunkt); bei zunehmendem Druck nimmt die Schmelztemperatur um 7°C pro 1000 bar ab.

Schmilzt Eis unter der Kufe eines Schlittschuhs? Betrachten wir dazu einen Eisläufer mit einer Masse von 100 kg auf einer Kufe von 1,5 mm Breite und 40 cm Länge. Der Druck unter dieser Kufe ist 16 bar. Die Schmelztemperatur sinkt damit lediglich um $16 \cdot 7 / 1000 = 0,1°C$!

Der Tripelpunkt liegt bei 611,7 Pa und 0,01°C (273,16 K). Hier können alle drei Phasen stabil koexistieren. Beim mittleren Luftdruck auf Meereshöhe (101325 Pa = 1013,25 hPa (Hektopascal) = 1,01325 bar = 1013,25 mbar) schmilzt Eis bei 0° und Wasser verdampft bei 100°.

1.1.3 Kristallstruktur und -formen von Eis

Eiskristalle bilden sich mittels der Wasserstoffbrückenbindung aus den tetraederförmigen Wassermolekülen. Dabei können sich hexagonale und kubische Gitter bilden. Unter atmosphärischen Bedingungen ist nur hexagonales Eis der ersten Form, sogenanntes Ih-Eis, stabil, Abb. 1.3, 1.5, 1.6. Zwischen zwei Sauerstoffatomen befindet sich je ein Wasserstoffatom. Es gibt ansonsten keine Regelmäßigkeit bei der Anordnung der Wasserstoffatome, Abb. 1.6.

Jedes Molekül hat 3 Bindungen in der Basisebene und eine Bindung zu einer parallelen Ebene. Dadurch sind Eiskristalle in Richtung der Basisebene leichter verformbar als quer dazu. Eiskristalle sind daher mechanisch anisotrop. Normal zur Basisebene liegt die c-Achse oder optische Achse, Abb. 1.4. In der Basisebene und normal auf eine Kante liegt eine a-Achse.

Bei höheren Drücken kann Eis auch andere Kristallformen annehmen, Abb. 1.7. Derzeit (2004) sind 13 Kristallstrukturen bekannt.

Gute Internetseite zu Wasser und Eis, molekulare Zusammenhänge: Vernetztes Studium - Chemie, FIZ CHEMIE Berlin: `http://www.vs-c.de`: Lernmaterial, Chemie, Biochemie, Chemische Grundlagen, Wasser.

1.1.4 Dichte von Eis

Bei 0°C hat Wasser[1] eine Dichte ρ von 999,868 kg/m³ und Eis eine Dichte von 916,73 kg/m³. Beim Gefrieren tritt also eine Volumenvergrößerung von ca. 9%

---

[1] Wasser hat bei 4°C die maximale Dichte (999,97 kg/m³) und bei 8°C ungefähr die gleiche Dichte wie bei 0°C.

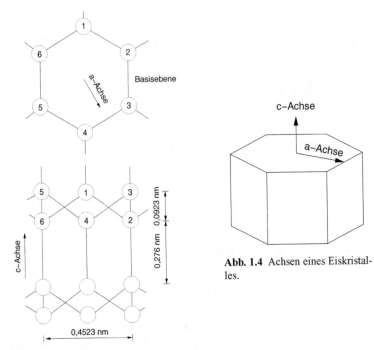

Abb. 1.4 Achsen eines Eiskristalles.

Abb. 1.3 Kristallgitter von Eis Ih: dargestellt sind nur die Sauerstoffatome

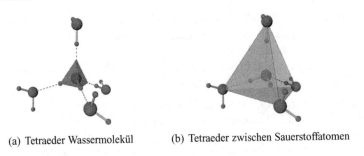

(a) Tetraeder Wassermolekül   (b) Tetraeder zwischen Sauerstoffatomen

Abb. 1.5 Tetraederförmige Anordnung im Eiskristall.

auf. Bei Abkühlung zieht sich Eis zusammen, sodass es bei -273°C eine Dichte von 963,68 kg/m^3 aufweist. Natürliches Eis, welches aus der Umwandlung von Schnee entsteht (vgl. Abschnitt 2.3), beinhaltet Luftporen, und die Dichte ist geringer als jene von reinem Eis. Dieser Porenraum ist zusammenhängend für Dichten $\rho < 830$ kg/m^3. Dieses Material wird als Firn bezeichnet (vgl. Abschnitt 2.4).

Folgende ungefähre Werte sollte man sich merken:

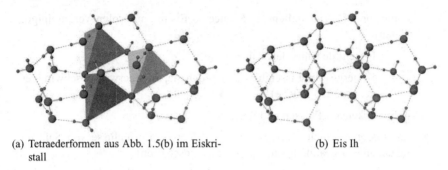

(a) Tetraederformen aus Abb. 1.5(b) im Eiskristall   (b) Eis Ih

Abb. 1.6 Anordnung der Wassermoleküle in Eis Ih.

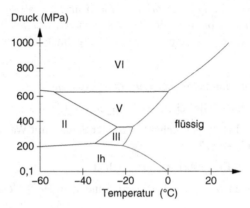

Abb. 1.7 Ausschnitt aus dem Phasendiagramm von Eis (vereinfacht): Kristallformen Ih bis VI; atmosphärischer Druck: 1 bar = 0,1 MPa.

Wasser	$1000 \, kg/m^3$
reines Eis	$917 \, kg/m^3$
Grenze zwischen Eis und Firn	$830 \, kg/m^3$

1.2 Arten von Eis

Eis Ih kann unterschieden werden nach der Art des Wassers, aus dem es entstanden ist, und nach der Kristallausrichtung. Eine weitere Unterteilung wird nach der vorherrschenden Temperatur getroffen.

Wasserart:

- Süßwassereis

– meteores Eis (aus fallendem Schnee $\rightsquigarrow$ Eis mit aerosolen Verunreinigungen)

   ·   Eisschilde (Inlandeis, Gletscher)

   ·   Eisberge (von Eisschilden abgebrochene, im Meerwasser schwimmende, große Eisstücke)

– Eisdecken auf Flüssen und Seen

- Salzwassereis (auch Marines Eis oder Meereis: Einschlüsse von Salz und Salzlösung $\rightsquigarrow$ geänderte mechanische Eigenschaften)

– Packeis

Kristallausrichtung: In *monokristallinem* Eis (Einzelkristall) gibt es nur eine c-Achse. In der Natur kommt in der Regel nur *polykristallines* Eis vor. In diesem können die Achsen der einzelnen Kristalle unregelmäßig liegen oder angeordnet sein:

- granulares Eis: unregelmäßige Lage der c-Achsen

– Eis aus Schnee: Gletscher, obere Lagen von Eisdecken[2]

– künstlich / Labor: gebrochenes Eis oder Schnee mit Wasser vermischt und gefroren (T1-Eis)[3]

- säulenförmiges Eis: c-Achsen ausgerichtet

– untere Lagen von Eisdecken[4] (vgl. Sanderson 1988; Schulson und Duval 2009):

   ·   Meereis: c-Achsen vorwiegend horizontal, aber in Horizontalebene unregelmäßig (S2-Eis) oder zusätzlich auch horizontal ausgerichtet (S3-Eis)

   ·   Seeeis: c-Achsen vorwiegend vertikal (S1-Eis)

Temperatur:

- kaltes Eis: Die Temperatur des Eises liegt unterhalb der Schmelztemperatur, d.h. für atmosphärische Bedingungen $\vartheta < 0°C$. Beachte: An der Sohle von Gletschern herrschen beträchtliche Drücke, also keine atmosphärische Bedingungen!
z.B. arktische Gletscher / Eisschilde

---

[2] Diese weisen meist eine unregelmäßige Orientierung der c-Achsen auf. Lediglich bei sehr ruhigem Wasser und geringem Temperaturgradient entsteht Eis mit vertikal ausgerichteten c-Achsen.

[3] Nach der Klassifikation von Michel und Ramseier (1971) wird Eis eingeteilt in *primary* P, *secondary* S, *superimposed* T und *aggloromate* R. Die oberen Lagen von Eisdecken bilden sich zuerst (P-Eis) oder werden später noch eingeschneit (T-Eis). Die unteren Lagen bilden sich später (S-Eis). Zahlen beziehen sich auf typische Korngrößen, Kristallausrichtung und Entstehungsgeschichte.

[4] Die Säulen wachsen in Richtung des Wärmeflusses, also vertikal.

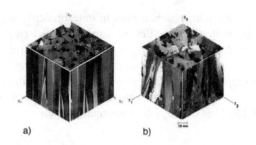

a) b)

Abb. 1.8 Granulares Eis, Dünnschliff in polarisiertem Licht (aus: Duval und Castelnau 1995).

Abb. 1.9 Säulenförmiges Eis: a) Süßwassereis, b) Salzwassereis (aus: Ice Research Laboratory online).

- temperiertes Eis: Die Temperatur des Eises ist gleich der Schmelztemperatur z.B. Sohle von alpinen Gletschern

Die Würde, die in der Bewegung eines Eisberges liegt, beruht darauf, dass nur ein Achtel von ihm über dem Wasser ist.

Ernest Hemingway:*Tod am Nachmittag*, 1932

1.3 Spannungen und Verzerrungen

Es werden die Definitionen für Spannungen und Verzerrungen aus der Kontinuumsmechanik verwendet und hier nur der Vollständigkeit halber kurz angegeben (weiterführende Literatur: z.B. Mang und Hofstetter 2008; Stark 2006). Einfache Beispiele zur Veranschaulichung sind in Anhang A.1 auf S. 137 aufgeführt.

Wird ein durch äußere Kräfte beanspruchter Körper durch einen gedanklichen Schnitt in zwei Teile geteilt, werden an den Schnittflächen Oberflächenkräfte freigelegt. In einer Teilfläche ΔA der Schnittfläche wirkt die Teilkraft ΔF. Diese Teilkraft kann in eine Komponente normal zur Schnittfläche ΔF_n und in eine Komponente parallel zur Schnittfläche ΔF_t zerlegt werden. Division der Komponenten durch die Teilfläche und ein Grenzübergang $\Delta A \to 0$ liefert die Normalspannung

$$\sigma = \lim_{\Delta A \to 0} \frac{\Delta F_n}{\Delta A} \tag{1.1}$$

und die Schubspannung

$$\tau = \lim_{\Delta A \to 0} \frac{\Delta F_t}{\Delta A}. \tag{1.2}$$

An den Schnittflächen eines infinitesimalen quaderförmigen Volumenelementes im verformten Körper, dessen Kanten parallel zu den Richtungen x_1, x_2, x_3 eines frei gewählten, rechtwinkligen kartesischen Koordinatensystems liegen, wirken je eine Normalspannung und eine Schubspannung. Die Schubspannung kann in zwei Komponenten in Richtung der beiden Koordinatenachsen parallel zur betreffenden Schnittfläche zerlegt werden. Alle Spannungskomponenten am Volumenelement bilden den Cauchyschen Spannungstensor

$$\sigma = \begin{pmatrix} \sigma_{11} & \sigma_{12} & \sigma_{13} \\ \sigma_{21} & \sigma_{22} & \sigma_{23} \\ \sigma_{31} & \sigma_{32} & \sigma_{33} \end{pmatrix} . \tag{1.3}$$

Der erste Index bezeichnet die Richtung des Normalvektors der Schnittfläche, der zweite die Richtung der Spannungskomponente. Damit sind $\sigma_{11}, \sigma_{22}, \sigma_{33}$ Normalspannungen und die restlichen Komponenten mit verschiedenen Indizes Schubspannungen. Diese werden oft auch mit τ_{ij} bezeichnet ($i = 1 \dots 3, j = 1 \dots 3$). Wegen des Ausschlusses von Momentenspannungen ist der Spannungstensor symmetrisch, also $\sigma_{ij} = \sigma_{ji}$.

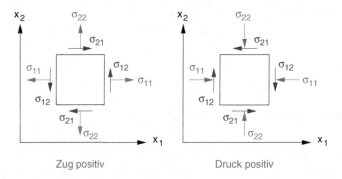

Zug positiv   Druck positiv

Abb. 1.10 Richtungen der Spannungskomponenten.

In der allgemeinen Mechanik ist Zug positiv definiert. Hier wird wie in der Bodenmechanik Druck positiv definiert, Abb. 1.10.

Der linearisierte Verzerrungstensor folgt aus der Verschiebung **u** (vgl. A.1.5, S. 145ff):

$$\varepsilon_{ij} = \frac{1}{2} \left(\frac{\partial u_j}{\partial x_i} + \frac{\partial u_i}{\partial x_j} \right) . \tag{1.4}$$

Z.B. ist die Normalverzerrung

$$\varepsilon_{11} = \frac{\partial u_1}{\partial x_1} \tag{1.5}$$

und die Schubverzerrung

$$\varepsilon_{12} = \frac{1}{2}\left(\frac{\partial u_2}{\partial x_1} + \frac{\partial u_1}{\partial x_2}\right). \tag{1.6}$$

Für die Schubverzerrung wird oft die Gleitung (der Scherwinkel) verwendet

$$\gamma_{ij} = 2\varepsilon_{ij} \quad \text{für} \quad i \neq j. \tag{1.7}$$

Der Deformationsratentensor wird aus der Geschwindigkeit **v** berechnet

$$D_{ij} = \frac{1}{2}\left(\frac{\partial v_j}{\partial x_i} + \frac{\partial v_i}{\partial x_j}\right). \tag{1.8}$$

Für kleine Verzerrungen ist die Deformationsrate ungefähr gleich der Verzerrungs-rate: $D_{ij} \approx \dot{\varepsilon}_{ij}$. Insbesondere ist folgender Zusammenhang für kleine Verzerrungen nützlich

$$\dot{\varepsilon}_{11} = \frac{\mathrm{d}}{\mathrm{d}t}\varepsilon_{11} = \frac{\mathrm{d}}{\mathrm{d}t}\left(\frac{\partial u_1}{\partial x_1}\right) = \frac{\partial}{\partial x_1}\left(\frac{\mathrm{d}u_1}{\mathrm{d}t}\right) = \frac{\partial}{\partial x_1}v_1 = \frac{\partial v_1}{\partial x} = D_{11}. \tag{1.9}$$

1.4 Einaxialer Druck- und Zugversuch

1.4.1 Versuchsaufbau

Einaxiale Druck- bzw. Zugversuche sind die einfachsten Versuche zur Untersu-chung der Verformungs- und Festigkeitseigenschaften von Eis. Im Druckversuch wird eine zylindrische oder quaderförmige Probe zwischen zwei Platten zusam-mengedrückt, Abb. 1.11-links. Die Probenhöhe sollte wie bei Felsproben minde-

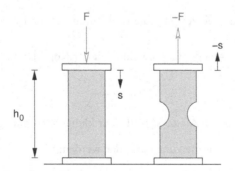

Abb. 1.11 Einaxialer Druck- und Zugversuch.

stens zweimal der Durchmesser sein. Im Zugversuch (Abb. 1.11-rechts) muss die

Probe an den Platten angefroren werden. Es wird eine Einschnürung vorgesehen, weil die angefrorene Stelle eventuell eine geringere Festigkeit aufweist als das zu untersuchende Eis.

Im Versuch wird die Temperatur konstant gehalten und die aufgebrachte Kraft F sowie die Verschiebung der Kopfplatte s werden aufgezeichnet. Daraus werden berechnet:

Spannung:

$$\sigma = \frac{F}{A}, \tag{1.10}$$

mit der Querschnittsfläche A der Probe. Die Dimension der Spannung ist Kraft pro Fläche und wird üblicherweise in N/m^2 oder Pa angegeben. Wird die Querschnittsfläche des verformten Körpers (in der halben Höhe) verwendet folgt die wahre Spannung oder Cauchysche Spannung, mit der Fläche der unverformten Probe die Nominalspannung.

Stauchung: Die ingenieurmäßige Stauchung[5]

$$\varepsilon = \frac{s}{h_0} \tag{1.11}$$

ist für kleine Verformungen ungefähr gleich der linearisierten Verzerrung (1.4)

$$\varepsilon = \frac{\partial u}{\partial x} \approx \varepsilon, \tag{1.12}$$

vgl. Anhang A.1.5 (S. 145ff). Als Dehnung wird hier eine Verzerrung bezeichnet, bei der die Probe länger wird (Zugversuch), als Stauchung die Verzerrung im Druckversuch.

Verzerrungsrate: Die Zeitableitung der Verzerrung ist die Verzerrungsrate

$$\dot{\varepsilon} = \frac{d\varepsilon}{dt}. \tag{1.13}$$

Die Dimension der Verzerrungsrate ist 1 durch Zeit und wird üblicherweise in s^{-1} angegeben.

Deformationsrate: Aus der Geschwindigkeit der Kopfplatte $v = \dot{s} = \frac{ds}{dt}$ kann die Deformationsrate (1.8)

$$D = \frac{\dot{s}}{h_0 - s} \tag{1.14}$$

berechnet werden (vgl. A.1.6, S. 149f). Für kleine Verformungen gilt $D \approx \dot{\varepsilon}$.

Es können zwei Versuchsarten unterschieden werden:

Kraftgesteuert: Hier wird die Kraft konstant gehalten, z.B. durch Aufbringen von Gewichten, und die Verformung gemessen.

---

[5] Sind Dehnungen als positiv definiert, wird üblicherweise der Begriff *ingenieurmäßige Dehnung* verwendet.

Weggesteuert: Hier wird eine bestimmte Verformungsgeschwindigkeit durch einen Motor vorgegeben und die dabei entstehende Kraft gemessen.

Kraftgesteuerte Versuche eignen sich für langsame Bewegungen und demzufolge kleine Kräfte. Sie werden auch Kriechversuche genannt. Die weggesteuerten Versuche laufen üblicherweise schneller ab und eignen sich besser zur Ermittlung der einaxialen Festigkeit.

1.4.2 Versuchsergebnisse

Eis verhält sich für kleine Spannungen bzw. Belastungsgeschwindigkeiten duktil – es kriecht, Abb. 1.12-links. Polykristallines Eis regiert duktil für $\dot\varepsilon$ ungefähr kleiner als $10^{-6}\ \mathrm{s}^{-1}$. Im duktilen Bereich gibt es keinen Unterschied der Ergebnisse von Zug- und Druckversuchen. Für große Spannungen bzw. Belastungsgeschwindigkeiten bricht die Probe spröd, Abb. 1.12-rechts. Polykristallines Eis bricht im Druckversuch spröd für $\dot\varepsilon$ ungefähr größer als $10^{-3}\ \mathrm{s}^{-1}$.

duktil	duktil-spröd	spröd
langsame Belastung	mittelschnelle Belast.	schnelle Belast.

Abb. 1.12 Eisproben in einaxialen Druckversuchen mit verschiedenen Belastungsgeschwindigkeiten.

Kraftgesteuerte Versuche – Kriechversuche

In kraftgesteuerten Versuchen bei nicht zu großen Spannungen zeigt Eis das prinzipielle Verhalten in Abb. 1.13. Die Verzerrungsrate $\dot\varepsilon = \frac{\mathrm{d}\varepsilon}{\mathrm{d}t}$ nimmt im Laufe der Zeit auf ein Minimum ab und steigt dann wieder.

Die Kriechkurve kann grob in 3 Bereiche unterteilt werden: Der Bereich um die minimale Kriechrate (II in Abb. 1.13) wird sekundäres oder stationäres Kriechen genannt. Der Bereich des anfänglichen Abklingens der Kriechrate (I in Abb. 1.13) wird als primäres Kriechen bezeichnet. Der Bereich der Beschleunigung wird tertiäres Kriechen genannt (III in Abb. 1.13). Bei entsprechend kleinen Spannungen tritt

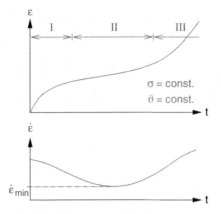

Abb. 1.13 Schematische Kriechkurve aus einem kraftgesteuerten einaxialen Druckversuch: I primäres, II sekundäres (stationäres) und III tertiäres Kriechen.

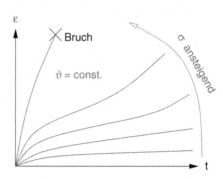

Abb. 1.14 Kriechkurven von Eis für verschiedene Spannungen in kraftgesteuerten einaxialen Druckversuchen.

tertiäres Kriechen nicht auf.[6] Bei Festkörpern wie Fels, deren Schmelztemperatur unter atmosphärischen Bedingungen weit über der aktuellen Temperatur liegt, führt tertiäres Kriechen üblicherweise zum Bruch. Dies ist bei Eis nicht zwingend der Fall.

Wird die Spannung erhöht, dann steigen die Kriechraten, Abb. 1.14. Bei zu großen Spannungen kommt es zum Sprödbruch. Ähnlich wie eine Spannungserhöhung wirkt auch eine Erhöhung der Temperatur, wärmeres Eis kriecht bei gleicher Spannung schneller als kälteres Eis. Reale Versuchsergebnisse sind in den Abbildungen 1.15 bis 1.17 dargestellt.

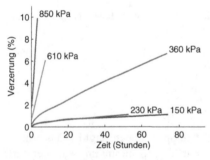

Abb. 1.15 Kriechkurven für polykristallines Eis bei -0.02°C bei verschiedenen Spannungen (Versuche von Glen, nach: Hobbs 1947, S. 306).

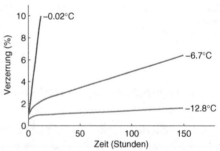

Abb. 1.16 Kriechkurven für polykristallines Eis bei 600 kPa und verschiedenen Temperaturen (Versuche von Glen, nach: Hobbs 1947, S. 307).

---

[6] Zumindest wurde es für kleine Spannungen in den technisch möglichen Beobachtungsdauern noch nicht festgestellt.

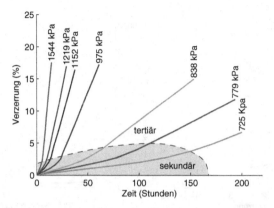

Abb. 1.17 Kriechkurven für polykristallines Eis bei -4.8°C bei verschiedenen Spannungen aus Versuchen von Steinemann (1958) (nach: Hutter 1983, S. 83, mit Änderungen).

Weggesteuerte Versuche

Weggesteuerte Versuche an Eis ergeben den typischen Spannungsverlauf in Abb. 1.18. Eine Erhöhung der Verzerrungsrate erhöht die maximal auftretende Spannung, Abb. 1.19. Ähnlich wirkt eine Reduktion der Temperatur. Versuchsergebnisse sind in Abb. 1.20 und 1.21 dargestellt.

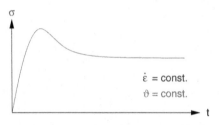

Abb. 1.18 Typischer Spannungsverlauf in einem weggesteuerten einaxialen Druckversuch an Eis.

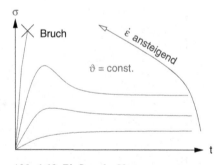

Abb. 1.19 Einfluss der Verzerrungsrate.

Zusammenhang zwischen kraftgesteuerten und weggesteuerten Versuchen

In beiden Versuchen wird dasselbe Material untersucht, also müssen die Versuchsergebnisse das gleiche mechanische Verhalten widerspiegeln. Wenn wir einen kraftgesteuerten Versuch bei einer bestimmten Spannung σ durchführen, so erhalten wir

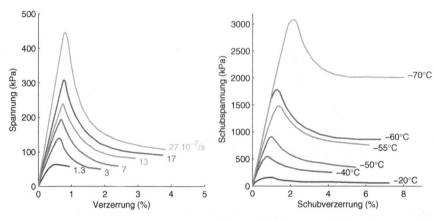

Abb. 1.20 Spannungsdehnungskurven für Einzelkristalle bei -15°C und verschiedenen Verformungsraten in 10^{-7} s^{-1} (Versuche von Higashi, nach: Hobbs 1947, S. 287).

Abb. 1.21 Spannungsdehnungskurven für Einzelkristalle bei einer Verformungsrate von 2.7×10^{-7} s^{-1} und verschiedenen Temperaturen (Versuche von Jones und Glen, nach: Hutter 1983, S. 58).

eine zugehörige minimale Verzerrungsrate $\dot{\varepsilon}_{min}$, Abb. 1.22-links. Führen wir nun einen weggesteuerten Versuch mit genau dieser Verzerrungsrate $\dot{\varepsilon} = \dot{\varepsilon}_{min}$ durch, so wird die maximale Spannung σ_{max} (Abb. 1.22-rechts) gleich der Spannung σ des kraftgesteuerten Versuches sein.

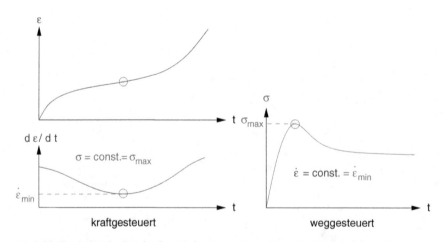

Abb. 1.22 Ergebnisse je eines kraft- und eines weggesteuerten Versuches bei gleicher Temperatur.

Werden die Wertepaare $(\dot{\varepsilon}_{min}, \sigma)$ bzw. $(\dot{\varepsilon}, \sigma_{max})$ für verschiedene Versuche am gleichen Eis bei gleicher Temperatur in ein doppeltlogarithmisches Diagramm eingetragen, fallen diese für duktiles Verhalten näherungsweise auf eine Gerade, Abb.

1.23. Eine Zusammenfassung des Verhaltens von polykristallinem Eis in einaxialen Versuchen bei verschiedenen Temperaturen ist in Abb. 1.24 dargestellt.

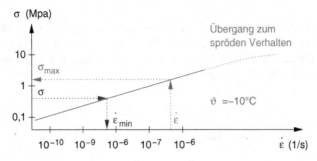

Abb. 1.23 Minimale Kriechrate von polykristallinem Eis.

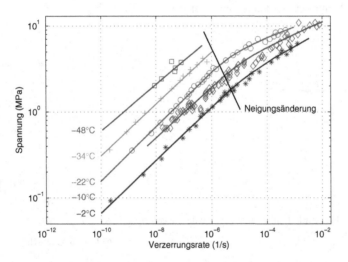

Abb. 1.24 Einaxiale Belastung von polykristallinem Eis (Datenzusammenstellung, nach: Sanderson 1988, S. 78, mit Änderungen).

1.5 Modellierung

Der Übergang von der realen Situation (z.B. einem Fundament auf Gletschereis) zu einem berechenbaren mechanischen Modell wird als Modellierung bezeichnet. In diesem intellektuellen Prozess werden Annahmen getroffen und Vereinfachungen eingeführt. Insbesondere werden wir in der Regel von kleinen Verzerrungen ausgehen, d.h.

$$\dot{\varepsilon}_{ij} \approx D_{ij} = \frac{1}{2}\left(\frac{\partial v_j}{\partial x_i} + \frac{\partial v_i}{\partial x_j}\right).$$ (1.15)

Wir werden deshalb die Verzerrungsrate als Vertreter der Deformationsrate verwenden. Falls notwendig, wird explizit die Deformationsrate verwendet, d.h. wir ersetzen an den notwendigen Stellen die Verzerrungsrate durch die Ableitung der Geschwindigkeiten, z.B. $\dot{\varepsilon}_{11} \rightarrow \partial v_1/\partial x_1$.

1.5.1 Einfache Materialmodelle

Lineare Elastizität, HOOKE

Das einfachste Materialmodell für Festkörper ist das linear elastische oder HOOKE Modell. Als Symbol wird eine Feder verwendet, Abb. 1.25.

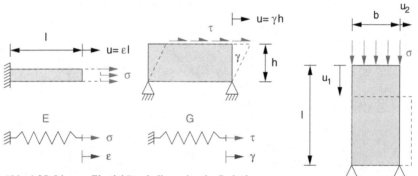

Abb. 1.25 Lineare Elastizität: eindimensionale Gedankenmodelle und Ersatzbilder.

Abb. 1.26 Querdehnung.

In eindimensionalen Modellen (Abb. 1.25) ist der Zusammenhang zwischen der Normalverzerrung[7] ε und der Normalspannung σ bzw. der Schubverzerrung oder Gleitung γ und der Schubspannung τ

$$\varepsilon = \frac{\sigma}{E}$$ (1.16)

$$\gamma = \frac{\tau}{G}$$ (1.17)

---

[7] Da hier der linearisierte Verzerrungstensor verwendet wird, gilt die Formulierung nur für kleine Verzerrungen.

über den Elastizitätsmodul E bzw. den Schubmodul G gegeben.

Reale Körper verformen sich bei einaxialer Belastung auch quer zur Belastungs-richtung, Abb. 1.26. Das Verhältnis der Längsstauchung $\varepsilon_1 = u_1/l$ zur Querdehnung $\varepsilon_2 = \varepsilon_3 = u_2/b$ ist die Querdehnzahl

$$\nu = -\frac{\varepsilon_{\text{quer}}}{\varepsilon_{\text{längs}}} = -\frac{\varepsilon_2}{\varepsilon_1}. \tag{1.18}$$

Bei $\nu = 0$ tritt keine Querdehnung auf. Für $\nu = 0{,}5$ bleibt das Volumen der Probe konstant, da die Volumendehnung der Probe

$$\varepsilon_V = \varepsilon_1 + \varepsilon_2 + \varepsilon_3 = \varepsilon_1 - 2\nu\varepsilon_1 \tag{1.19}$$

für $\nu = 0{,}5$ gleich Null ist.

Der Kehrwert der Querdehnzahl wird als Poissonzahl bezeichnet

$$m = -\frac{\varepsilon_1}{\varepsilon_2} = \frac{1}{\nu}. \tag{1.20}$$

Zur allgemeinen Verwirrung wird auch die Querdehnzahl oft als Poissonzahl be-zeichnet. Allerdings wird aus dem üblichen Wertebereich

$$\nu = 0 \rightsquigarrow \qquad\qquad m = \infty \tag{1.21}$$
$$\nu = 0{,}5 \rightsquigarrow \qquad\qquad m = 2 \tag{1.22}$$

klar was gemeint ist.

Die dreidimensionale Formulierung der linearen Elastizität für einen Hauptspan-nungszustand

$$\sigma = \begin{pmatrix} \sigma_1 & 0 & 0 \\ 0 & \sigma_2 & 0 \\ 0 & 0 & \sigma_3 \end{pmatrix} \tag{1.23}$$

ist sehr einfach:

$$\varepsilon_1 = \frac{1}{E}\left[\sigma_1 - \nu(\sigma_2 + \sigma_3)\right] \tag{1.24}$$

$$\varepsilon_2 = \frac{1}{E}\left[\sigma_2 - \nu(\sigma_3 + \sigma_1)\right] \tag{1.25}$$

$$\varepsilon_3 = \frac{1}{E}\left[\sigma_3 - \nu(\sigma_1 + \sigma_2)\right] \tag{1.26}$$

Für einen allgemeinen Spannungszustand werden Spannungen und Verzerrungen zu Vektoren zusammengefasst:

$$
\begin{bmatrix} \varepsilon_{11} \\ \varepsilon_{22} \\ \varepsilon_{33} \\ \gamma_{12} \\ \gamma_{23} \\ \gamma_{31} \end{bmatrix} = \begin{pmatrix} \frac{1}{E} & -\frac{\nu}{E} & -\frac{\nu}{E} & 0 & 0 & 0 \\ -\frac{\nu}{E} & \frac{1}{E} & -\frac{\nu}{E} & 0 & 0 & 0 \\ -\frac{\nu}{E} & -\frac{\nu}{E} & \frac{1}{E} & 0 & 0 & 0 \\ 0 & 0 & 0 & \frac{1}{G} & 0 & 0 \\ 0 & 0 & 0 & 0 & \frac{1}{G} & 0 \\ 0 & 0 & 0 & 0 & 0 & \frac{1}{G} \end{pmatrix} \begin{bmatrix} \sigma_{11} \\ \sigma_{22} \\ \sigma_{33} \\ \sigma_{12} \\ \sigma_{23} \\ \sigma_{31} \end{bmatrix} \tag{1.27}
$$

Darin ist

$$
G = \frac{E}{2(1+\nu)} . \tag{1.28}
$$

Für folgende Modellierungen wichtig ist der sogenannte ebene Verzerrungszustand, bei dem die Verformung in einer Richtung gleich Null ist. Dies ist dann eine Scheibe, die sich quer zu ihrer Fläche nicht verformen kann. Solche Scheiben können gedanklich z.B. aus Hängen herausgeschnitten werden. Wir setzen die Verformungen in die Richtung 3 zu Null, damit sind die Verzerrungen $\varepsilon_{33} = \gamma_{13} = \gamma_{23} = 0$ und (1.27) wird für einen ebenen Verzerrungszustand zu (vgl. Anhang A.1.7)

$$
\begin{bmatrix} \varepsilon_{11} \\ \varepsilon_{22} \\ \gamma_{12} \end{bmatrix} = \frac{1-\nu^2}{E} \begin{pmatrix} 1 & -\frac{\nu}{1-\nu} & 0 \\ -\frac{\nu}{1-\nu} & 1 & 0 \\ 0 & 0 & \frac{2}{1-\nu} \end{pmatrix} \begin{bmatrix} \sigma_{11} \\ \sigma_{22} \\ \sigma_{12} \end{bmatrix} . \tag{1.29}
$$

Oft wird auch der E-Modul für einaxiale Beanspruchung bei behinderter Querdehnung gebraucht. Dazu setzen wir in (1.29) $\varepsilon_{22} = \gamma_{12} = 0$. Damit folgt

$$
\sigma_{22} = \frac{\nu}{1-\nu} \sigma_{11} \tag{1.30}
$$

und

$$
\sigma_{11} = E \frac{1-\nu}{(1+\nu)(1-2\nu)} \varepsilon_{11} = E_s \varepsilon_{11} , \tag{1.31}
$$

vgl. Anhang A.1.7. Der sogenannte Steifemodul E_s kann also aus dem E-Modul und der Querdehnzahl berechnet werden

$$
E_s = E \frac{1-\nu}{(1+\nu)(1-2\nu)} . \tag{1.32}
$$

Lineare Viskosität, NEWTON

Das einfachste Materialmodell für Flüssigkeiten ist das linear viskose oder NEWTON Modell. Als Symbol wird ein Dämpfer verwendet, Abb. 1.27.

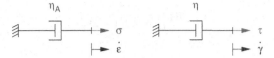

Abb. 1.27 Lineare Viskosität: eindimensionale Ersatzbilder.

In eindimensionalen Modellen (Abb. 1.27) ist der Zusammenhang zwischen der Normalverzerrungsrate[8] $\dot{\varepsilon}$ und der Normalspannung σ bzw. der Schubverzerrungsrate oder Gleitungsrate $\dot{\gamma}$ und der Schubspannung τ

$$\dot{\varepsilon} = \frac{\sigma}{\eta_A} \tag{1.33}$$

$$\dot{\gamma} = \frac{\tau}{\eta} \tag{1.34}$$

über die axiale Viskosität η_A bzw. die Scherviskosität η gegeben. Mit dem viskosen Analogon zur Querdehnzahl

$$\nu_\nu = -\frac{\dot{\varepsilon}_{\text{quer}}}{\dot{\varepsilon}_{\text{längs}}} \tag{1.35}$$

können die Beziehungen der linearen Elastizität (1.27) in völliger Analogie übernommen werden

$$\begin{bmatrix} \dot{\varepsilon}_{11} \\ \dot{\varepsilon}_{22} \\ \dot{\varepsilon}_{33} \\ \dot{\gamma}_{12} \\ \dot{\gamma}_{23} \\ \dot{\gamma}_{31} \end{bmatrix} = \begin{pmatrix} \frac{1}{\eta_A} & -\frac{\nu_\nu}{\eta_A} & -\frac{\nu_\nu}{\eta_A} & 0 & 0 & 0 \\ -\frac{\nu_\nu}{\eta_A} & \frac{1}{\eta_A} & -\frac{\nu_\nu}{\eta_A} & 0 & 0 & 0 \\ -\frac{\nu_\nu}{\eta_A} & -\frac{\nu_\nu}{\eta_A} & \frac{1}{\eta_A} & 0 & 0 & 0 \\ 0 & 0 & 0 & \frac{1}{\eta} & 0 & 0 \\ 0 & 0 & 0 & 0 & \frac{1}{\eta} & 0 \\ 0 & 0 & 0 & 0 & 0 & \frac{1}{\eta} \end{pmatrix} \begin{bmatrix} \sigma_{11} \\ \sigma_{22} \\ \sigma_{33} \\ \sigma_{12} \\ \sigma_{23} \\ \sigma_{31} \end{bmatrix} \tag{1.36}$$

mit der Scherviskosität

$$\eta = \frac{\eta_A}{2(1 + \nu_\nu)} . \tag{1.37}$$

Für einen ebenen Verzerrungszustand gilt in Analogie zu (1.29)

$$\begin{bmatrix} \dot{\varepsilon}_{11} \\ \dot{\varepsilon}_{22} \\ \dot{\gamma}_{12} \end{bmatrix} = \frac{1 - \nu_\nu^2}{\eta_a} \begin{pmatrix} 1 & -\frac{\nu_\nu}{1-\nu_\nu} & 0 \\ -\frac{\nu_\nu}{1-\nu_\nu} & 1 & 0 \\ 0 & 0 & \frac{2}{1-\nu_\nu} \end{pmatrix} \begin{bmatrix} \sigma_{11} \\ \sigma_{22} \\ \sigma_{12} \end{bmatrix} \tag{1.38}$$

Die Viskosität für einaxiale Beanspruchung bei behinderter Querdehnung heißt Packungsviskosität und ist in Analogie zum Steifemodul (1.32)

---

[8] Wegen der Verwendung der Verzerrungsrate sind die hier angeführten Beziehungen nur für kleine Verzerrungen gültig. Für große Verzerrungen muss die jeweilige Verzerrungsrate $\dot{\varepsilon}_{ij}$ durch die Deformationsrate D_{ij} ersetzt werden.

$$\eta_c = \eta_A \frac{1 - v_v}{(1 + v_v)(1 - 2v_v)} \, . \tag{1.39}$$

Nichtlineare Viskosität

Wie wir später sehen werden, lässt sich das duktile Verhalten von Eis nur bedingt mit linearer Viskosität beschreiben. Besser passt die Potenzbeziehung

$$\dot{\varepsilon} = \frac{1}{\eta_A} \sigma^n \quad , \quad \sigma^n := \text{sign}(\sigma)|\sigma|^n \, . \tag{1.40}$$

Lineare Viskosität bedeutet $n = 1$. Für Eis wird üblicherweise $n = 3$ gesetzt.

Ideale Plastizität, ST. VENANT

Als einfachstes Modell zur Beschreibung von Materialversagen dient das ideal plastische oder ST. VENANT Modell, Abb. 1.28.

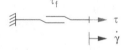

Abb. 1.28 Ideale Plastizität: eindimensionales Gedankenmodell und Ersatzbild. Der Körper bleibt in Ruhe solange $\tau < \tau_f$ gilt.

Solange die Schubspannung kleiner als die Fließspannung τ_f ist, gibt es keine Bewegung:

$$\tau < \tau_f \rightsquigarrow \qquad\qquad\qquad \dot{\gamma} = 0 \, , \tag{1.41}$$

$$\tau = \tau_f \rightsquigarrow \qquad\qquad\qquad \dot{\gamma} \text{ undefiniert} \, , \tag{1.42}$$

$$\tau > \tau_f \qquad\qquad\qquad \text{nicht möglich} \, . \tag{1.43}$$

Analog für eine Normalspannung

$$\sigma < \sigma_f \rightsquigarrow \dot{\varepsilon} = 0 \, . \tag{1.44}$$

Zeitverhalten

Für einen sprunghaften Anstieg der Spannung von Null auf σ zur Zeit t_0 reagiert das linear elastische Modell mit einem sprunghaften Anstieg der Verzerrung auf $\varepsilon = \sigma/E$, Abb. 1.29(a). Eine Zeitintegration der Beziehung für die lineare Viskosität (1.33) gibt ab $t = t_0$ einen linearen Anstieg der Verzerrung $\varepsilon = \frac{\sigma}{\eta_A}t$, Abb. 1.29(b). Für ein masseloses ideal plastisches System wird $\dot{\varepsilon} = \infty$ wenn σ bei t_0 gerade auf σ_f springt, Abb. 1.29(c).

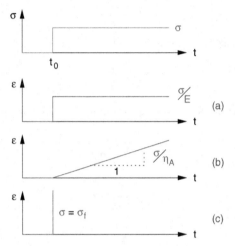

Abb. 1.29 Verhalten der einfachen Modelle für eine Spannungssprung: (a) linear elastisch, (b) linear viskos, (c) ideal plastisch.

1.5.2 Zusammengesetzte Modelle

Durch Kombination der zuvor eingeführten einfachen Modelle können komplexere Materialverhalten beschrieben werden. Solche Kombinationen werden zunächst nur für den eindimensionalen Fall definiert und lassen sich oft nicht auf drei Dimensionen erweitern. Die eindimensionalen Versionen dienen deshalb vor allem dem qualitativen Verständnis des Materialverhaltens oder für einfachste Abschätzungen.

Visko-elastisch, MAXWELL

Eine Serienschaltung des linear elastischen Modells mit einem linear viskosen Modell ergibt das visko-elastische oder MAXWELL Modell, Abb. 1.30.

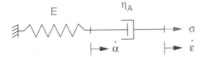

Abb. 1.30 Visko-elastisches Modell.

Die Spannung ist in der Feder und dem Dämpfer gleich groß. Die Verzerrung der Feder α ist linear elastisch (1.16)

$$\alpha = \frac{\sigma}{E}.$$ (1.45)

Die Zeitableitung dieser Verzerrung ist

$$\dot{\alpha} = \frac{\dot{\sigma}}{E}.$$ (1.46)

Der Dämpfer erfährt die Relativverzerrungsrate $\dot{\varepsilon} - \dot{\alpha}$. Diese ist nach der linearen Viskosität (1.33)

$$\dot{\varepsilon} - \dot{\alpha} = \frac{\sigma}{\eta_A}.$$ (1.47)

Daraus folgt

$$\dot{\varepsilon} = \frac{\sigma}{\eta_A} + \dot{\alpha},$$ (1.48)

und mit (1.46)

$$\dot{\varepsilon} = \frac{\sigma}{\eta_A} + \frac{\dot{\sigma}}{E}.$$ (1.49)

Für einen Spannungssprung wachsen die Verzerrungen unendlich an, Abb. 1.31. Diese Modell beschreibt also eine Flüssigkeit.

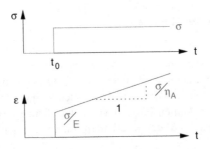

Abb. 1.31 Verhalten des visko-elastischen Modells für eine Spannungssprung.

Firmo-viskos, KELVIN

Eine Parallelschaltung des linear elastischen Modells mit einem linear viskosen Modell ergibt das firmo-viskose oder KELVIN Modell, Abb. 1.32.

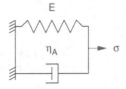

Abb. 1.32 Firmo-viskoses Modell.

Hier ist die Verzerrung in Feder und Dämpfer gleich groß. Die Spannung setzt sich deshalb additiv zusammen

$$\sigma = E\varepsilon + \eta_A \dot{\varepsilon} . \tag{1.50}$$

Für $\sigma = $ konst. kann diese Differentialgleichung nach ε gelöst werden

$$\varepsilon(t) = \frac{\sigma}{E}\left(1 - e^{-\frac{E}{\eta_A}t}\right) . \tag{1.51}$$

Für einen Spannungssprung wächst die Verzerrung gegen $\varepsilon = \sigma/E$, Abb. 1.33. Dieses Modell beschreibt also einen Festkörper.

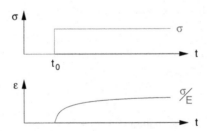

Abb. 1.33 Verhalten des firmo-viskosen Modells bei einem Spannungssprung.

Elasto-plastisch, PRANDTL

Eine Serienschaltung des linearer elastischen Modells mit einem ideal plastischen Modell ergibt das elasto-plastische oder PRANDTL Modell, Abb. 1.34. Dieses einfache Modell für Materialversagen verhält sich bei einem Spannungsanstieg auf den Wert der Fließspannung wie in Abb. 1.35.

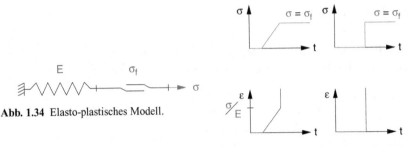

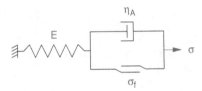

Abb. 1.34 Elasto-plastisches Modell.

Abb. 1.35 Verhalten des elasto-plastischen Modells bei einem Spannungsanstieg.

Visko-plastisch, BINGHAM

Tritt viskoses Verhalten erst ab einer gewissen Fließspannung auf und reagiert das Material für kleinere Spannungen elastisch, kann dies mit dem visko plastischen oder BINGHAM Modell beschrieben werden.

Abb. 1.36 Bingham Modell für visko-plastisches Verhalten.

Die Verzerrungsrate in diesem Modell ist für $\sigma \geq \sigma_F$

$$\dot{\varepsilon} = \frac{\sigma - \sigma_F}{\eta_A} \, . \tag{1.52}$$

Für $\sigma < \sigma_F$ gilt elastisches Verhalten (1.16).

Visko-elastisch, BURGER

Eine mögliche Approximation an die Kriechkurve von Eis in einaxialen Versuchen ist in Abb. 1.37 dargestellt. Tertiäres Kriechen wird hier nicht modelliert.

Die Verzerrung wird als Summe eines elastischen ε_e, eines viskosen ε_v und eines verzögert elastischen[9] ε_d Anteils aufgefasst. Dies kann mit dem visko-elastischen oder BURGER Modell beschrieben werden, Abb. 1.38.

---

[9] delayed elastic

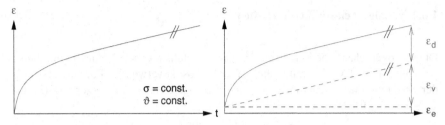

Abb. 1.37 Kriechkurve von Eis und mögliche Approximation.

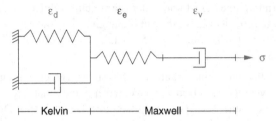

Abb. 1.38 Das BURGER Modell zur Annäherung der Kriechkurve von Eis.

1.6 Materialmodelle für duktiles Eis

1.6.1 Elastisches Verhalten

Eis reagiert elastisch auf sehr schnelle und nicht zu große Belastungen, also z.B. für dynamische Prozesse wie eine Wellenausbreitung. Die elastische Verformung[10] ist reversibel. Der Elastizitätsmodul von Eis ist in derselben Größenordnung wie jener von Holz. Er steigt mit der Dichte des Eises und nur sehr gering mit fallender Temperatur[11]. Typische Werte für polykristallines Eis sind

$\rho = 917 \ \text{kg/m}^3, 0°\text{C}$: $E \approx 9{,}2 \ \text{GPa}, \nu \approx 0{,}3$ (Hutter 1983, S. 62)

$\rho = 917 \ \text{kg/m}^3, -16°\text{C}$: $E = 9{,}33 \ \text{GPa}, \nu \approx 0{,}35$ (Schulson und Duval 2009, S. 59)

$\rho = 830 \ \text{kg/m}^3$: $E \approx 7 \ \text{GPa}$ (Sanderson 1988, S. 73).

---

[10] Sie wird zurückgeführt auf Verformungen der atomaren Bindungen im Kristallgitter (Sanderson 1988).

[11] Der Elastizitätsmodul von Eis steigt für eine Temperaturabnahme vom Schmelzpunkt bis zum absoluten Temperaturnullpunkt 0°K um 25 %, für eine Abnahme vom Schmelzpunkt bis -50°C um lediglich 5 %.

1.6.2 Verzögert elastisches Verhalten

Die verzögert elastische Verzerrung[12] e_d ist ebenfalls reversibel. Zur Beschreibung wird ein KELVIN Modell mit nichtlinearer Viskosität verwendet. Für einen Sprung der Spannung auf σ entwickelt sich die verzögert elastische Verzerrung (Sinha 1978b, 1979, 1983)

$$\varepsilon_d = \frac{C}{Ed}\sigma\left(1 - e^{-(\alpha_T t)^q}\right),$$ (1.53)

worin d der Korndurchmesser ist und E der Elastizitätsmodul. C und q sind weitere Materialkonstanten, α_T ist ein temperaturabhängiger Parameter. Werte für S2-Eis bei -10°C sind: $C = 9 \cdot 10^{-3}$ m, $E = 9{,}5$ GPa, $\alpha_T = 2{,}5 \cdot 10^{-4}$ s^{-1} und $q = 0{,}34$ (Sanderson 1988).

In anderen Modellen wird eine sogenannte transiente Verzerrung eingeführt, welche sich aus der verzögerten elastischen Verzerrung und einer irreversiblen viskosen Verzerrung zusammensetzt (vgl. Schulson und Duval 2009). Diese transiente Verzerrung ist allerdings vollständig reversibel solange sie unter 10^{-4} bleibt.

1.6.3 Sekundäres Kriechen

Die Kriechstauchung übersteigt in einaxialen Versuchen rasch die elastische Stauchung, z.B. bei Spannungen von 1 bis 5 MPa in 5 bis 200 Sekunden (Sanderson 1988, S. 70). Deshalb werden die elastischen Verformungen meist nicht berücksichtigt. Im Gegensatz zur elastischen Verformung bleibt das Volumen beim Kriechen konstant.

Für Spannungen von 50 bis 200 kPa liefert das Fließgesetz von Glen (Glen 1955) eine akzeptable Annäherung an die minimale Kriechrate im sekundären Kriechen (vgl. Paterson 2001). Es verknüpft die Schubverzerrungsrate mit der Schubspannung

$$\dot{\varepsilon}_{ij} = A\tau_{ij}^n.$$ (1.54)

Der Materialparameter A ist eine Funktion

- der Temperatur,
- der Kristallausrichtung,
- der Verunreinigungen,
- des Wassergehaltes bei temperiertem Eis.

A ist vernachlässigbar abhängig

- vom hydrostatischen Druck,

---

[12] Sie wird zurückgeführt auf Diffusion an den Kristallgrenzen (Sanderson 1988).

- der Dichte für $\rho > 830$ kg/m^3.

A ist nicht abhängig von der Korngröße.

Der Exponent n ist eigentlich keine Konstante (vgl. Hutter 1983; Paterson 2001). Für Eisschildberechnungen ist heutzutage aber $n = 3$ ein akzeptierter Wert.

> Das Glensche Fließgesetz wurde in der Metallforschung schon wesentlich früher von Norton (1929) eingeführt.

Oft wird das Glensche Fließgesetz auch für einaxiale Bedingungen (Abb. 1.11, S. 9) angeschrieben

$$\dot{\varepsilon} = B\sigma^n . \tag{1.55}$$

Aus der nachfolgenden dreidimensionalen Verallgemeinerung des Glenschen Gesetztes folgt

$$B = \frac{2}{3^{\frac{n+1}{2}}} A , \tag{1.56}$$

und mit $n = 3$

$$B = \frac{2}{9} A . \tag{1.57}$$

Temperaturabhängigkeit

Die Temperaturabhängigkeit kann mit der ARRHENIUS-Beziehung beschrieben werden

$$A = A_0 \exp\left(-\frac{Q}{RT}\right) . \tag{1.58}$$

Darin ist A_0 ein Materialparameter, $R = 8{,}314$ J mol^{-1} die Gaskonstante, Q die Aktivierungsenergie und T die Temperatur. Diese Beziehung gilt nur für Temperaturen unter $-10°$C. Bei höheren Temperaturen ist Q nicht mehr konstant. In der Praxis wird dann mit einem mittleren Q gerechnet. Werte für polykristallines (Labor-)Eis sind (Sanderson 1988, S. 79):

$\vartheta \leq 8°$C: $Q = 78$ kJ mol^{-1}, $A_0 = 1{,}9 \cdot 10^9$ (MPa)$^{-3}$s^{-1}

$\vartheta > 8°$C: $Q = 120$ kJ mol^{-1}, $A_0 = 3{,}5 \cdot 10^{17}$ (MPa)$^{-3}$s^{-1}

Abhängigkeit vom Wassergehalt

In temperiertem Eis fällt die Temperaturabhängigkeit natürlich weg, dafür ist das Kriechverhalten stark von eventuell vorhandenem freien Wasser abhängig.

$$A = A_0(\Theta) = (3{,}2 + 5{,}8\Theta) \cdot 10^{-6} \, (\text{MPa})^{-3} \text{s}^{-1} \qquad (1.59)$$

worin Θ der volumenbezogene Wassergehalt[13] in Prozent ist (Paterson 2001, S. 87), z.B. $w = 0{,}33\%$ für die Sohllagen von Gletschern.

Typische Werte für A

Empfehlungen für A für Gletschereis (Cuffey und Paterson 2010):

$$\vartheta = 0°\text{C} \quad A = 2{,}4 \times 10^{-6} \, (\text{MPa})^{-3}\text{s}^{-1} \text{ (ohne Druckschmelzen)}$$
$$\vartheta = -2°\text{C} \quad A = 1{,}7 \times 10^{-6} \, (\text{MPa})^{-3}\text{s}^{-1}$$
$$\vartheta = -5°\text{C} \quad A = 9{,}3 \times 10^{-7} \, (\text{MPa})^{-3}\text{s}^{-1}$$
$$\vartheta = -10°\text{C} \, A = 3{,}5 \times 10^{-7} \, (\text{MPa})^{-3}\text{s}^{-1}$$

1.6.4 Verallgemeinertes Glensches Fließgesetz

Das eindimensionale Fließgesetz von Glen wurde von Nye (1953) für isotropes Eis in eine dreidimensionale Beziehung übergeführt. Die nur sehr schwache Abhängigkeit der Fließbeziehung vom hydrostatischen Druck $(\sigma_{11} + \sigma_{22} + \sigma_{33})/3$ wird hier vernachlässigt. Das bedeutet, dass es ausreicht, die deviatorischen Spannungen zu betrachten:

$$\mathbf{s} = \begin{pmatrix} \sigma_{11} - \text{tr}\,\sigma/3 & \sigma_{12} & \sigma_{13} \\ \sigma_{21} & \sigma_{22} - \text{tr}\,\sigma/3 & \sigma_{23} \\ \sigma_{31} & \sigma_{32} & \sigma_{33} - \text{tr}\,\sigma/3 \end{pmatrix} \quad , \quad \text{tr}\,\sigma = \sigma_{11} + \sigma_{22} + \sigma_{33} \,.$$

$$(1.60)$$

Es kann leicht nachgerechnet werden, dass

$$s_{11} + s_{22} + s_{33} = 0 \,. \qquad (1.61)$$

Für ein isotropes Material kann sinnvoll angenommen werden, dass jede Komponente der Verzerrungsrate proportional zur korrespondierenden Komponente der Deviatorspannung ist

$$\dot{\varepsilon}_{ij} = F s_{ij} \,. \qquad (1.62)$$

Damit ist die volumetrische Verzerrungsrate $\dot{\varepsilon}_v = \dot{\varepsilon}_{11} + \dot{\varepsilon}_{22} + \dot{\varepsilon}_{33} = F(s_{11} + s_{22} + s_{33})$ mit (1.61) gleich Null. Die Proportionalitätsannahme impliziert also inkompressibles Verhalten von Eis.

Es ist günstig, das Fließgesetz in Invarianten zu formulieren. Die erste Invariante der Deviatorspannung ist nach (1.61) gleich Null, also bleiben nur höhere Invarianten

---

[13] Das ist das Volumen des flüssigen Wassers dividiert durch das Volumen des Eises.

übrig. Nye (1953) verknüpft die zweite Invariante der Deviatorspannung II_s mit der zweiten Invarianten der Verzerrungsrate $II_{\dot{\varepsilon}}$ in der Form der effektiven Schubspannung $\tau = \sqrt{II_s}$ und der effektiven Verzerrungsrate $\dot{\varepsilon} = \sqrt{II_{\dot{\varepsilon}}}$

$$\dot{\varepsilon} = A\tau^n \,. \tag{1.63}$$

Die Invarianten darin sind

$$\tau^2 = II_s = \frac{1}{2}\sum_{i=1}^{3}\sum_{j=1}^{3} s_{ij}^2 = \frac{1}{2}\left(s_{11}^2 + s_{22}^2 + s_{33}^2\right) + \left(s_{12}^2 + s_{23}^2 + s_{31}^2\right) \tag{1.64}$$

$$= \frac{1}{6}\left[(\sigma_{11} - \sigma_{22})^2 + (\sigma_{22} - \sigma_{33})^2 + (\sigma_{33} - \sigma_{11})^2\right] + \left(\sigma_{12}^2 + \sigma_{23}^2 + \sigma_{31}^2\right) \,, \tag{1.65}$$

$$\dot{\varepsilon}^2 = II_{\dot{\varepsilon}} = \frac{1}{2}\sum_{i=1}^{3}\sum_{j=1}^{3} \dot{\varepsilon}_{ij}^2 = \frac{1}{2}\left(\dot{\varepsilon}_{11}^2 + \dot{\varepsilon}_{22}^2 + \dot{\varepsilon}_{33}^2\right) + \left(\dot{\varepsilon}_{12}^2 + \dot{\varepsilon}_{23}^2 + \dot{\varepsilon}_{31}^2\right) \,. \tag{1.66}$$

Wenn alle Spannungskomponenten bis auf eine Schubspannungskomponente $\sigma_{ij} = \tau_{ij}$ gleich Null sind, dann reduziert sich (1.63) auf das Gesetz von Glen (1.54).

Quadrieren von (1.62) und summieren über alle i,j ergibt

$$\sum_{i=1}^{3}\sum_{j=1}^{3} \dot{\varepsilon}_{ij}^2 = F^2 \cdot \sum_{i=1}^{3}\sum_{j=1}^{3} s_{ij}^2 \tag{1.67}$$

und mit (1.64) und (1.66)

$$2\dot{\varepsilon}^2 = F^2 \cdot 2\tau^2 \,, \tag{1.68}$$

also

$$\dot{\varepsilon} = F\tau \,. \tag{1.69}$$

Durch Vergleich von (1.63) und (1.69) folgt

$$F = A\tau^{n-1} \,. \tag{1.70}$$

Mit (1.62) folgt dann für alle Komponenten

$$\dot{\varepsilon}_{ij} = A\tau^{n-1}s_{ij} \,. \tag{1.71}$$

Wenn nur die Spannungskomponente σ_{11} ungleich Null ist, gilt $s_{11} = 2\sigma_{11}/3$, $s_{22} = s_{33} = -\sigma_{11}/3$ und $\tau^2 = \sigma_{11}^2/3$. Mit $n = 3$ wird aus (1.71)

$$\dot{\varepsilon}_{11} = \frac{2}{9}A\sigma_{11}^3 \,, \tag{1.72}$$

womit (1.57) gezeigt ist.

Als Invarianten können auch die Mises-Vergleichsspannung (bzw. einaxiale Vergleichsspannung)

$$\overline{q} = \sqrt{3 I\!I_{\mathbf{s}}} = \sqrt{\frac{3}{2}\left(s_{11}^2 + s_{22}^2 + s_{33}^2\right) + 3\left(s_{12}^2 + s_{23}^2 + s_{31}^2\right)} \qquad (1.73)$$

und die dazugehörige Vergleichsverzerrung

$$\dot{\overline{\varepsilon}} = \sqrt{\frac{2}{3}\left(\dot{\varepsilon}_{11}^2 + \dot{\varepsilon}_{22}^2 + \dot{\varepsilon}_{33}^2\right) + \frac{4}{3}\left(\dot{\varepsilon}_{12}^2 + \dot{\varepsilon}_{23}^2 + \dot{\varepsilon}_{31}^2\right)} \qquad (1.74)$$

verwendet werden. Dann wird die allgemeine Fließbeziehung zu

$$\dot{\overline{\varepsilon}} = B\overline{q}^n \quad ; \quad \dot{\varepsilon}_{ij} = \frac{3}{2} B \overline{q}^{(n-1)} s_{ij}, \qquad (1.75)$$

mit $B = 2A/9$. Wenn nur die Spannungskomponente σ_{11} ungleich Null ist, gilt $s_{11} = 2\sigma_{11}/3$ und $\overline{q} = \sigma_{11}$, und mit $n = 3$ wird

$$\dot{\varepsilon}_{11} = B\sigma_{11}^3 = \frac{2}{9} A\sigma_{11}^3, \qquad (1.76)$$

vergleiche (1.72).

1.6.5 Fließgesetz für niedere Spannungen und Temperaturen nahe dem Schmelzpunkt

Colbeck und Evans (1973) haben einaxiale Kriechversuche an Gletschereisproben in Gletschertunnels bei einer Lufttemperatur von 0°C durchgeführt. Dabei wurden Axialspannungen von 10 bis 100 kPa aufgebracht. Dies ist niedrig im Verhältnis zu den Versuchen von Glen, welche bei 90 bis 920 kPa durchgeführt wurden. In Abb. 1.39 sind Verzerrungsraten in einaxialen Druckversuchen als Funktion der einaxialen Spannung angegeben.

Colbeck und Evans (1973) geben eine Näherung für ihre Versuchsdaten an:

$$\dot{\varepsilon}_{11} = 0{,}21\sigma_{11} + 0{,}14\sigma_{11}^3 + 0{,}055\sigma_{11}^5 \qquad (1.77)$$

worin $\dot{\varepsilon}_{11}$ in 1/Jahr und σ_{11} in Bar angegeben werden.[14] Nixon und McRoberts (1976) vereinen die Druckbereiche von Colbeck und Evans (1973) und Glen (1955), Abb. 1.39.

Auch Barnes et al. (1971) stellen fest, dass das Fließgesetz nach Glen (1955) nur für einen beschränkten Spannungsbereich gilt, und schlagen die empirische Beziehung

---

[14] Eventuelle Verfälschungen der Ergebnisse durch Druckschmelze an den Kopfplatten der Probe werden von Colbeck und Evans (1973) ausgeschlossen, da keine signifikante Abhängigkeit der Verzerrungsrate von der Probenhöhe festgestellt wurde. Verkürzungen der Probe durch Druckschmelze wären unabhängig von der Probenhöhe, d.h. für kürzere Proben würde eine höhere Verzerrungsrate als für längere berechnet.

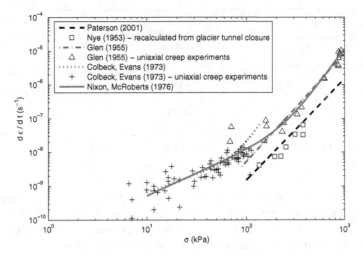

Abb. 1.39 Kriechen von polykristallinem Eis bei ca. 0°C; Linien zeigen die Prognosen veröffentlichter Fließbeziehungen (Parameter in Tab. 1.2); Symbole bezeichnen Messwerte.

$$\dot{\varepsilon} = A' \exp\left(-\frac{Q}{RT}\right) [\sinh(\alpha\sigma)]^n \qquad (1.78)$$

zur Beschreibung des sekundären Kriechens von polykristallinem Eis für Spannungen von 0,1 bis 10 MPa vor. Darin wird die Temperaturabhängigkeit des Materialverhaltens mit der ARRHENIUS-Beziehung (vgl. (1.58), S. 27) beschrieben. Werte für die Parameter sind in Tab. 1.1 angegeben.

A' (s^{-1})	α (MN^{-1}m^2)	n	Q (kJ mol^{-1})	ϑ (°C)
$4{,}60 \cdot 10^{18}$	0,279	3,14	120,0	-2 bis -8
$3{,}14 \cdot 10^{10}$	0,254	3,08	78,1	-8 bis -14
$1{,}88 \cdot 10^{10}$	0,282	2,92	78,1	-14 bis -22
$2{,}72 \cdot 10^{10}$	0,262	3,05	78,1	-8 bis -45

Tabelle 1.1 Parameter für (1.78).

Es gibt noch einige andere Ansätze. Einen Überblick darüber bietet Hutter (1983, Chapt. 2). Häufig werden Fließbeziehungen für einaxiale Druckversuche in Polynomform angegeben werden

$$\dot{\varepsilon} = \sum_{i=1}^{N} B_i \sigma^{n_i} , \qquad (1.79)$$

wobei die Koeffizienten B_i temperaturabhängig sind. Für Eis bei ca. 0°C liegen nur wenige Daten vor; vier Parametersätze sind in Tab. 1.2 angegeben.

B_i (s^{-1} kPa$^{-n_i}$)	n_i	ϑ (°C)	Datengrundlage	Quelle
$B_1 = 1.51 \cdot 10^{-15}$	$n_1 = 3$	0°C	zusammengestellte Daten	Paterson (2001)
$B_1 = 2.15 \cdot 10^{-17}$	$n_1 = 3.2$	−0.02°C	Laborexperimente 90...920 kPa	Glen (1955) Glen (1955)
$B_1 = 2.38 \cdot 10^{-11}$ $B_2 = 1.16 \cdot 10^{-17}$	$n_1 = 1.34$ $n_2 = 4$	0°C	zusammengestellte Daten 2...140 kPa	Nixon und McRoberts (1976)
$B_1 = 6.66 \cdot 10^{-11}$ $B_2 = 4.44 \cdot 10^{-18}$ $B_3 = 9.02 \cdot 10^{-8}$	$n_1 = 1$ $n_2 = 3$ $n_2 = 5$	−0.01°C	Feldexperimente 10...100 kPa $\rho = 890$ kg/m^3	Colbeck und Evans (1973)

Tabelle 1.2 Parameter für (1.79), polykristallines Eis bei ca. 0°C; $\dot{\varepsilon}$ in s^{-1}.

3D-Formulierung: Wie zuvor können die aus einaxialen Versuchen gewonnenen Beziehungen mit Hilfe der einaxialen Vergleichsspannung (Mises-Spannung) auch näherungsweise auf dreidimensionale Probleme angewendet werden, vgl. (1.75). So wird z.B. die Formulierung von Nixon und McRoberts (1976) zu

$$\dot{\varepsilon}_{ij} = \frac{3}{2} \left(B_1 \overline{q}^{(n_1-1)} + B_2 \overline{q}^{(n_2-1)} \right) s_{ij}. \tag{1.80}$$

1.7 Tertiäres Kriechen

Tertiäres Kriechen bezeichnet eine Beschleunigung des Kriechens nach dem sekundären Kriechen. Dabei kann sich eine zwar erhöhte aber wieder konstante Kriechrate einstellen oder der Prozess führt zum Bruch. Als Ursachen für das tertiäre Kriechen werden angenommen:

Mikrorisse an den Korngrenzen: Diese Risse sind so klein, dass sie sich bei dem vorhandenen Spannungszustand nicht weiter ausbreiten, vgl. Abschn. 1.8.

Dynamische Rekristallisation: Dabei sind die sich neu bildenden Kristalle sozusagen undeformiert und durchlaufen deshalb wieder die schnellere primäre Kriechphase. Zusätzlich ordnen sich die neue Kristalle bevorzugt mit ihrer c-Achse quer zur Gleitrichtung an, d.h. die Verformung geht aufgrund der Anisotropie der Kristalle leichter. Längere stationäre tertiäre Kriechphasen erzeugen anisotrope Eisbereiche.

Tertiäres Kriechen tritt erst bei höheren Spannungen auf. In S2-Eis mit 4-5 mm großen Körnern entstehen in einaxialen Versuchen keine Risse, wenn die verzögert elastische Dehnung kleiner als 0,01% bleibt (Sanderson 1988). Das ist laut (1.53) für Spannungen kleiner als 0,5 MPa der Fall. In alpinen Gletschern sind die das Kriechen verursachenden Schubspannungen eher klein, daher wird hier tertiäres Kriechen ausgeschlossen.

1.8 Sprödes Verhalten

Bei höheren Verformungsraten und ab einer gewissen Verformung erfolgt ein Übergang vom duktilen zum spröden Verhalten, Abb. 1.40. Dieses Verhalten ist durch ein plötzliches Zerbrechen der Probe charakterisiert. Im Zugversuch erfolgt dieser Übergang bereits bei einer sehr viel geringeren Verzerrungsrate (10^{-7} s^{-1}) als im Druckversuch (10^{-4} bis 10^{-3} s^{-1})). Die maximale einaxiale Spannung ist im Zugversuch niedriger als im Druckversuch.

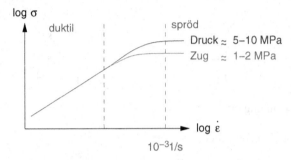

Abb. 1.40 Qualitativer Zusammenhang zwischen Verzerrungsrate und Spannung in einaxialen Druck-/Zugversuchen an polykristallinem Eis.

1.8.1 Zugbruch

Eine Eisprobe bricht, wenn sich Risse bilden und sich diese ausbreiten. Die Bruchspannung ist praktisch nicht von der Verzerrungsrate abhängig, zumindest im Bereich von 10^{-7} bis 10^{-3} s^{-1} (Abb. 1.42), und kaum von der Temperatur. Sie steigt um weniger als 25% bei einer Abkühlung von $-5°C$ auf $-20°C$ (Schulson et al. 1984).

Bei der Rissbildung können zwei Fälle unterschieden werden (vgl. Sanderson 1988):

- Die Risse entstehen und sind bereits so groß, dass sie bei der vorhandenen Spannung größer werden (nucleation controlled). Dies führt zu sofortigem Versagen. Die Spannung ist also die Bruchspannung σ_t.[15]

- Die Risse entstehen (oder sind schon da), aber sind für die vorhandene Spannung zu klein, um größer zu werden (propagation controlled). Beim Entstehen der Risse reduziert sich die Steifigkeit und die Kriechrate steigt, aber die Probe

---

[15] Der Index t steht für *tension*. Andere übliche Bezeichnungen für die einaxiale Zugfestigkeit sind f_t oder β_Z.

bricht noch nicht. Die Spannung kann noch gesteigert werden, bis sie den Wert erreicht, bei dem sich die Risse vergrößern. Dann versagt die Probe. Die erhöhte Spannung ist dann die Bruchspannung.

Die Initialrisse entstehen an den Korngrenzen vorwiegend quer zur Zugspannung. Die Größe der Initialrisse hängt von der Korngröße des Eises ab. Ist der mittlere Korndurchmesser d größer als ein Grenzdurchmesser d_c, versagt die Probe beim Entstehen der ersten Risse (propagation controlled). Ist er kleiner als d_c, sind die ersten Risse zu klein, um sich weiter auszubreiten (propagation controlled). Dieser Grenzdurchmesser ist von der Belastungsgeschwindigkeit abhängig (Schulson 2001):

$$d_c > 6{,}7\text{mm} \qquad\qquad \dot{\varepsilon} = 10^{-7}\,\text{s}^{-1} \qquad\qquad (1.81)$$

$$d_c = 1{,}6\text{mm} \qquad\qquad \dot{\varepsilon} = 10^{-6}\,\text{s}^{-1} \qquad\qquad (1.82)$$

$$d_c < 1{,}4\text{mm} \qquad\qquad \dot{\varepsilon} = 10^{-3}\,\text{s}^{-1} \qquad\qquad (1.83)$$

Für die Bruchspannung gilt:

$d > d_c$ (nucleation controlled):

$$\sigma_t = \sigma_0 + \frac{k_t}{\sqrt{d}} \qquad\qquad (1.84)$$

$d < d_c$ (propagation controlled):

$$\sigma_t = \frac{K}{\sqrt{d}} \qquad\qquad (1.85)$$

Für blasenfreies und anfänglich rissfreies Eis bei $\vartheta = -10°C$ geben Schulson und Duval (2009) die folgenden Materialkennwerte an: für $\dot{\varepsilon} = 10^{-3}\,\text{s}^{-1}$: $\sigma_0 = 0{,}52\,\text{MPa}$, $k_t = 0{,}03\,\text{MPa}\sqrt{\text{m}}$,[16] und für $\dot{\varepsilon} = 10^{-7}\,\text{s}^{-1}$: $K = 0{,}052\,\text{MPa}\sqrt{\text{m}}$.

1.8.2 Druckbruch

Für kleine Verzerrungsraten verhält sich Eis im Druckversuch duktil, Abb. 1.41. Die Spannungsdehnungskurven aus kraftgesteuerten Versuchen zeigen eine Peakspannung und einen abfallenden Ast (Entfestigung) und Dehnungen über 10% können ohne makroskopisches Versagen aufgenommen werden. Bei Verformungsraten ungefähr größer als $10^{-6}\,\text{s}^{-1}$ treten bereits reichlich Risse auf, Versagen tritt aber selbst in einaxialen Versuchen nicht auf, zumindest bis zu gewissen Grenzwerten.

---

[16] Die Parameter σ_0 und k_t nehmen leicht zu für steigende Verzerrungsraten und fallende Temperatur.

Für höhere Verzerrungsraten, d.h. ungefähr größer als 10^{-4}–10^{-3} s^{-1}, verhält sich Eis im Druckversuch spröde (vgl. Schulson 2001). Spannungsdehnungskurven zeigen einen fast linearen Anstieg bis zur Bruchspannung. Steigt die Spannung bei Versuchen mit Sprödbruch über ca. 1/3 der Bruchspannung an, treten kleine kurzfristige Spannungsabfälle auf, die mit der Entstehung und der Ausbreitung von Mikrorissen einhergehen (Schulson und Duval 2009, S. 240). Die Bruchspannung sinkt etwas mit zunehmender Verzerrungsrate (bis ca. 10^{-1} s^{-1}), Abb. 1.42. Es gibt Hinweise darauf, dass die Bruchspannung für sehr schnelle Verzerrungsraten 10^{-1} s^{-1} bis 10 s^{-1} wieder zunimmt (Schulson und Duval 2009, S. 243).

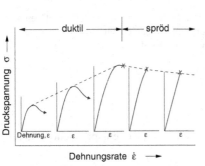

Abb. 1.41 Spannungsdehnungskurven aus weggesteuerten einaxialen Druckversuchen (nach: Schulson 2001).

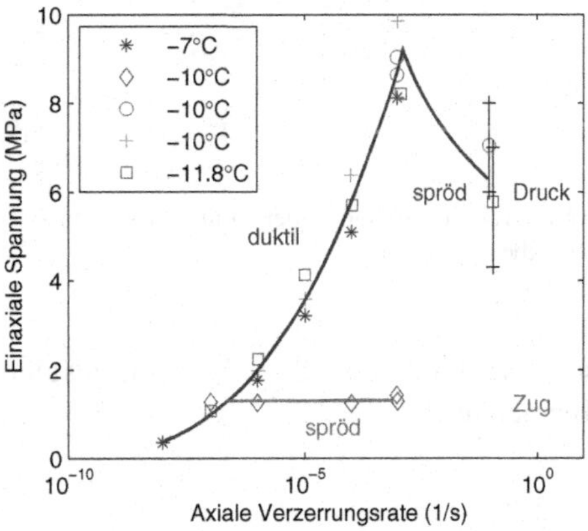

Abb. 1.42 Maximale Spannung in einaxialen Versuchen (nach: Schulson 2001, mit Änderungen).

Die Rissentstehung und -fortpflanzung unter Druckbeanspruchung ist ein wesentlich komplexerer Prozess als für Zugbeanspruchung. Die Verformung der Probe ist aufgrund der Inhomogenität des Eises (Kornstruktur) nicht homogen. Dadurch können lokale Mikrorisse entstehen. 90% dieser ersten Risse sind unter 45° zur Hauptspannungsrichtung geneigt (Sanderson 1988, S. 93). Geht die Verformung der Probe weiter, verschieben sich die Ränder gegeneinander, Abb. 1.43 und 1.44. Dadurch entstehen lokale Zugzonen an den Enden (Abb. 1.43 punktierte Kreise) und es bilden sich Flügelrisse, die anfangs annähernd senkrecht zum Initialriss starten und sich weiter weg in die Richtung der größten Hauptspannung drehen.

Das Gleiten an den Initialrissen führt zu einem Reibungsanteil in der Festigkeit des Eises. Die Fortpflanzung der Flügelrisse bedeutet ein weiteres lokales Aufreißen des Eises und führt zu einem kohäsiven Anteil der Festigkeit von Eis. Eine Erhöhung der Seitenspannung unterdrückt die Ausbildung der Flügelrisse. In Triaxialversuchen (Abb. 1.45) tritt bei entsprechend hohem Seitendruck (ca. 25 MPa) nur mehr duktiles Verhalten auf, Abb. 1.46. Wenn die Drücke höher werden, muss die Änderung der Schmelztemperatur berücksichtigt werden. Die Schmelztemperatur sinkt um 0,074°C für eine Erhöhung des Druckes $(\sigma_1 + \sigma_2 + \sigma_3)/3$ um 1 MPa (Schul-

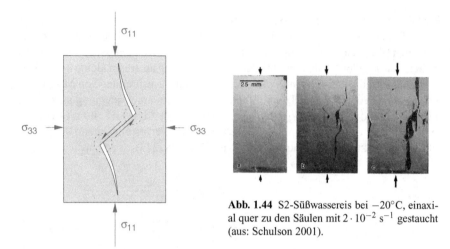

Abb. 1.44 S2-Süßwassereis bei $-20°$C, einaxial quer zu den Säulen mit $2 \cdot 10^{-2}$ s^{-1} gestaucht (aus: Schulson 2001).

Abb. 1.43 Entstehung der Flügelrisse bei Druckbeanspruchung.

son und Duval 2009, S. 269). Damit reagiert das Eis wie bei entsprechend höheren Temperaturen.

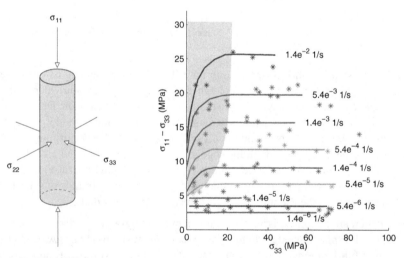

Abb. 1.45 Triaxiale Belastung.

Abb. 1.46 Ergebnisse von Triaxialversuchen bei verschiedenen Verzerrungsraten (nach: Sanderson 1988, S. 96).

Verbinden sich genügend dieser Flügelrisse, kann es zu einer Längsspaltung der Probe kommen. Dies passiert am ehesten bei einaxialen Druckversuchen an schlanken

Proben. In Versuchen mit moderaten Seitenspannungen (z.B. Triaxialversuchen) bilden sich bei weiterer Verformung sekundäre Kammrisse entlang der schiefen Risse, Abb. 1.47 und 1.48. Dies führt zu einer Zermahlung des Eises in der Nähe der Initialrisse. Die Zonen des zermahlenen Eises verbinden sich zu durchgängigen Scherzonen (Schulson 2001), die mehr als 45° zur Horizontalen geneigt sind, z.B. bei um ca. 60° für S2-Eis bei -10°C (Schulson 2002).

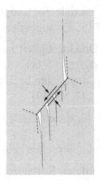

Abb. **1.47** Sekundäre Kammrisse bei Druckbeanspruchung (aus: Schulson 2001).

Abb. **1.48** Sekundäre Kammrisse bei Druckbeanspruchung – schematisch (nach: Schulson 2001).

Wenn die Seitenspannungen so hoch werden, dass die Reibungskräfte an den Grenzen der geneigten Initialrisse eine Verschiebung blockieren, entstehen sogenannte plastische Scherzonen (Schulson und Duval 2009, Kap. 12). Ein Abschätzung von Schulson (2002) zeigt, dass zur Blockierung der Verschiebungen eine Seitenspannung $\sigma_3 \approx 0{,}4\sigma_1$ bei $-10°C$ ausreicht. Für kältere Temperaturen steigt der Reibungskoeffizient und es reicht $\sigma_3 \approx 0{,}2\sigma_1$ bei $-40°C$.

Die plastischen Scherzonen sind um 45° zur Hauptspannungsrichtung geneigt. Diese Zonen beinhalten wesentlich weniger Risse und sind viel dünner als die zuvor erwähnten Scherzonen aus zerriebenem Eis. Sie beinhalten vorwiegend sehr kleine rekristallisierte Körner. Das makroskopische Verhalten der Probe ist duktil und die aufnehmbare Deviatorspannung ($\sigma_3 - \sigma_1$) steigt mit der Verzerrungsgeschwindigkeit (Sammonds et al. 1998).

1.8.3 Festigkeit von Eis

Im duktilen Bereich kriecht das Eis für eine gewisse Deviatorspannung mit einer dazugehörigen Verzerrungsrate. Oft wird diese Fließspannung auch als Festigkeit interpretiert. Hier versagt die Probe aber nicht, die Verzerrungsrate ist wohl definiert und begrenzt. Beim Sprödbruch wir hingegen die Probe zerstört und die Verzerrungsrate ist nicht mehr definiert (vgl. 1.5.1 Ideale Plastizität, S. 20). Das entspricht einem Materialversagen. Deshalb werden hier nur jene Spannungen, welche einen Sprödbruch verursachen, als Festigkeit von Eis definiert. Die Festigkeit ist am geringsten für Eis am Schmelzpunkt und steigt bei sinkenden Temperaturen. Schulson und Duval (2009, S. 245) geben diesen Zuwachs mit ca. 0,3 MPa pro $°C$ an, für einen Bereich von $0°C$ bis $-50°C$.

Werte für die einaxiale Zugfestigkeit σ_t können abhängig von der Korngröße nach Abschnitt 1.8.1 (S. 33) abgeschätzt werden.

Die einaxiale Druckfestigkeit ist je nach Temperatur entsprechend höher als die Zugfestigkeit: $\sigma_c/\sigma_t \approx 8$ bei $-10°C$, $\sigma_c/\sigma_t \approx 20$ bei $-50°C$. Die Druckfestigkeit wird kaum von der Dichte beeinflusst solange $\rho > 871$ kg/m^3 ist. (Schulson und Duval 2009, S. 247, S. 249)

Typische Werte für die einaxiale Druckfestigkeit σ_c sind:[17]

- Versuche an Laborproben bei -10°C: $\sigma_c \approx 10$ MPa (Sanderson 1988)
- Über den mittleren Korndurchmesser kann die Druckfestigkeit von granularem Eis analog zur Zugfestigkeit (1.84) abgeschätzt werden zu

$$\sigma_c = \sigma_0 + \frac{k}{\sqrt{d}}. \tag{1.86}$$

Für $\vartheta = -10°C$ sind die Konstanten: $\sigma_0 = 7,6$ MPa, $k = 0,24$ MPa$\sqrt{\mathrm{m}}$ (Golding et al. 2010) und für $\vartheta = -10°C$: $\sigma_0 = 16$ MPa, $k = 0,36$ MPa$\sqrt{\mathrm{m}}$ (Weiss und Schulson 1995). Die Werte der Druckfestigkeit unterliegen großen Streuungen.

- Gletschereis bei $0°C$:

  Stubaier Gletscher: $\sigma_c = 1,2$ MPa (Lair 2004)

  Antarktis: $\sigma_c = 2,7$ MPa (Lawson 1999)

- See-/Flusseis bei $0°C$: $\sigma_c = 2,4\ldots4,1$ MPa (Niehus 2002)

Für mehraxiale Belastungen kann der Sprödbruch von polykristallinem Eis gut mit dem Versagenskriterium nach Mohr-Coulomb beschrieben werden (Schulson 2001, 2002; Schulson und Gratz 1998; Weiss und Schulson 1995)

$$(\sigma_1 - \sigma_3) = (\sigma_1 + \sigma_3)\sin\varphi + 2c\cos\varphi, \tag{1.87}$$

für die Hauptspannungen $\sigma_1 > \sigma_2 > \sigma_3$. Die mittlere Hauptspannung σ_2 hat in diesem Kriterium keinen Einfluss auf das Versagen. Dies ist in Biaxialversuchen an polykristallinem Eis relativ gut bestätigt worden (Weiss und Schulson 1995). Oft wird auch das Versagenskriterium nach Drucker-Prager verwendet. Der Einfluss der mittleren Hauptspannung in diesem Kriterium wirkt sich in Biaxialversuchen stark

---

[17] Der Index c steht für *compression*. Andere übliche Bezeichnungen für die einaxiale Druckfestigkeit sind f_c oder β_D.

aus, was für Eis experimentell nicht gezeigt wurde. Das Mohr-Coulomb Kriterium ist deshalb als besser geeignet.

Typische Werte für die Parameter c und φ für Eis sind in Tab. 1.3 angegeben.

ϑ ($^\circ$C)	φ ($^\circ$)	c (MPa)
-40	31	10,8
-16	17	7,7
-11	14	6,5
-6	11	5,5
-1	8	4,6
0 (am Schmelzpunkt)	6	4,5

Tabelle 1.3 Mohr-Coulomb-Parameter für Eis, ermittelt aus Drucker-Prager-Parametern in Fish und Zaretsky (1997).

1.9 Fundierung am Gletschereis

Fundierungen am Gletschereis erfolgen z.B. bei Liftstützen (Abb. 1.49) in Gletscherskigebieten (Fellin und Lackinger 2008). Bei der Fundierung auf Eis sind im Wesentlichen die gleichen Nachweise wie in der Geotechnik zu führen. Im Folgenden wird auf die Setzungsberechnung und die Grundbruchberechnung eingegangen.

Abb. 1.49 Gondelumlaufbahn für 8 Personen, Schaufeljoch, Stubaier Gletscher (2003).

Grundbruch

Die Festigkeit von Eis ist mit dem Mohr-Coulombschen Versagenskriterium gut beschreibbar und ist am Schmelzpunkt minimal, deshalb ist der Fall des temperierten Eises maßgebend für eine Bemessung. Der Reibungswinkel von Eis bei 0°C ist sehr gering. Er ist z.B. von Gagnon und Gammon (1995) für Eisbergeis bei $-1°C$ in Triaxialversuchen bei Seitenspannung von 138 kPa bis 689 kPa zu lediglich $\varphi = 4°$ ermittelt worden. Für temperiertes Eis dürfte dieser Wert noch geringer werden. Dieser kleine Reibungswinkel wird vernachlässigt und temperiertes Eis damit vereinfachend als rein kohäsives Material betrachtet.

Die Grundbruchberechnung kann wie in der Geotechnik mit Hilfe des Zonenbruches nach Prandtl (1920) durchgeführt werden, z.B. ist der maximale Sohldruck p_B eines vertikal und mittig belasteten Streifenfundamentes

$$p_B = (2 + \pi)c = 5{,}14\,c.$$ (1.88)

Da hier temperiertes Eis als rein kohäsives Material angenommen wird, kann dessen Kohäsion aus der Bruchspannung σ_c von einaxialen Druckversuchen ermittelt werden

$$c = \frac{\sigma_c}{2}.$$ (1.89)

Als globale Sicherheit wird in der Geotechnik $\eta = 2$ angewendet. Für das spröde Material Eis wird $\eta = 4 \ldots 5$ empfohlen (Fellin und Lackinger 2007; Lackinger 1997-2003). Für eine Bemessung nach dem Teilsicherheitskonzept wird für Gletschereis ein Teilsicherheitsbeiwert für die Kohäsion von $\gamma_c = 1{,}9$ empfohlen (Fellin und Lackinger 2007).

Das Eindrücken eines Stabes mit halbkugelförmiger Spitze in Eis kann als kleinmaßstäblicher Grundbruchversuch betrachtet werden. Die Eindringkraft steigt in solchen Versuchen zunächst fast linear an und fällt dann bei Beginn von Sprödbrucherscheinungen (Abplatzen) plötzlich ab (Kim et al. 2012). Der Verlauf der Eindringkraft nach diesem Peak ist sägezahnartig. Über die aktuelle auf die Eisoberfläche projizierte Fläche der Spitze kann eine Spannung ermittelt werden. Die Spannung beim ersten Peak der Eindringkraft wird hier als maximaler Sohldruck p_B interpretiert. Die Spannungen nach dem Peak sind kleiner. Kim et al. (2012) geben Werte für die Spannungen am ersten Kraftpeak bei $-10°C$ an, wobei der Mittelwert aus 14 Eindringversuchen eines Stabes mit 26 mm Durchmesser in Eis mit Korngrößen zwischen 1 und 6 mm bei 110 Pa liegt. Über (1.86) kann die einaxiale Druckfestigkeit des verwendeten Eises abgeschätzt werden und unter der Annahme eines rein kohäsiven Materials wie vorher die Grundbruchlast berechnet werden. Diese ist im Mittel dreimal höher als die experimentell ermittelte. Wird dem Eis ein Reibungswinkel von $\varphi = 14°$ (Tab. 1.3) zugesprochen liegt die rechnerische Grundbruchlast im Mittel immer noch zweimal höher als die experimentelle. Für $\varphi = 30°$ stimmen die rechnerischen und experimentellen Grundbruchlasten im Mittel überein.

Sofortsetzung

Die elastische Sofortsetzung kann mit Hilfe fertiger Lösungen für Setzungen auf einem elastischen Halbraum (z.B. Poulos und Davis 1974) oder mittels der in der Geotechnik üblichen Näherungslösung für die Setzungsberechnung abgeschätzt werden (z.B. Kolymbas 2007). Die zweite Methode wird hier kurz umrissen, denn die folgende Approximation der Kriechsetzungen ist sehr ähnlich aufgebaut.

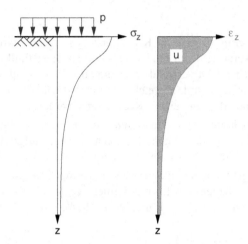

Abb. 1.50 Vertikalspannung σ_z und Vertikalstauchung ε_z unter einer Oberflächenlast p.

Die Vertikalspannung unter einer Last auf einem elastischen Halbraum kann z.B. Mithilfe der Steinbrenner-Formel berechnet werden. Daraus folgt eine mit der Tiefe abklingende Spannung $\sigma_z(z)$, Abb. 1.50. Mit dem Steifemodul (1.32)

$$E_s = E \frac{1 - v}{(1 + v)(1 - 2v)} \tag{1.90}$$

wird daraus die Vertikalstauchung in jeder Tiefe

$$\varepsilon_z(z) = \frac{\sigma(z)}{E_s} \tag{1.91}$$

berechnet. Diese Stauchung kann über die Tiefe integriert werden und liefert so die elastische Sofortsetzung

$$u_{\mathrm{el}} = \int\limits_0^{z_{\mathrm{grenz}}} \varepsilon_z \mathrm{d}z. \tag{1.92}$$

Die Grenztiefe z_{grenz} für die numerische Integration wird üblicherweise in jener Tiefe gewählt, in der die Spannung zufolge der Oberflächenlast nur mehr 20% der Eigengewichtsspannungen des Halbraumes aufweist.

Für Eis ist $E \approx 9{,}2$ GPa und die Querdehnzahl $v \approx 0{,}3$. Damit ist der Steifemodul $E_s = 1{,}35 \cdot E = 12{,}4$ GPa $= 12400$ MPa. Lockerer Sand weist im Vergleich dazu einen wesentlich geringeren Steifemodul von 20 bis 50 MPa auf. Die elastische Sofortsetzung sollte also für übliche Fundamentlasten keine Probleme bereiten. Sie ist zum Beispiel unter dem Mittelpunkt einer 1 m $\times$ 1 m großen schlaffen Last $p = 100$ kPa lediglich $u_{el} \approx 0{,}01$ mm.

Kriechsetzung

Eine generelle Näherungslösung für Kriechsetzungsprobleme wird von Fellin und Lackinger (2007) vorgestellt. Im Folgenden wird der Spezialfall einer kreisförmigen oder quadratischen Last verwendet, in dem aber die wesentliche Ideen enthalten sind. Andere nicht zu stark abweichende Lastformen können in erster grober Näherung durch einen flächengleichen Kreis ersetzt werden.

In einem ruhenden horizontalen Halbraum aus Eis herrscht ein hydrostatischer Spannungszustand. Dieser beeinflusst die Kriechsetzungen aufgrund der Annahmen für das Fließgesetz nicht, wird also nicht weiter betrachtet.

Wird eine Last aufgebracht, treten Spannungsänderungen auf, die aufgrund des zunächst elastischen Verhaltens von Eis mit Formeln für den elastischen Halbraum berechnet werden können (z.B. Poulos und Davis 1974), Abb. 1.51-links. Unter dem

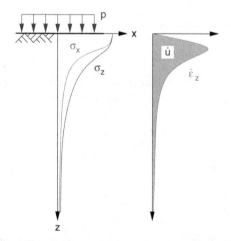

Abb. 1.51 Vertikalspannung σ_z, Horizontalspannungen $\sigma_x = \sigma_y$ sowie Vertikalverzerrungsrate $\dot{\varepsilon}_z$ unter dem Mittelpunkt einer kreisförmigen oder quadratischen Oberflächenlast p.

Mittelpunkt herrscht der nun bekannte Spannungszustand

$$\sigma = \begin{pmatrix} \sigma_z & 0 & 0 \\ 0 & \sigma_x & 0 \\ 0 & 0 & \sigma_y = \sigma_x \end{pmatrix}, \tag{1.93}$$

von dem angenommen wird, dass er sich durch die Kriechverformungen nur mehr geringfügig ändert und hier vereinfachend als konstant über die Zeit angesetzt wird.

Da hydrostatische Spannungen keinen Anteil am Kriechen haben, kann ein Ersatzspannungszustand berechnet werden

$$\sigma' = \sigma - \begin{pmatrix} \sigma_x & 0 & 0 \\ 0 & \sigma_x & 0 \\ 0 & 0 & \sigma_x \end{pmatrix} = \begin{pmatrix} \sigma_z - \sigma_x & 0 & 0 \\ 0 & 0 & 0 \\ 0 & 0 & 0 \end{pmatrix}, \tag{1.94}$$

der dieselben Kriechverzerrungen hervorruft. Für diesen einaxialen Spannungszustand können direkt die Fließbeziehungen aus einaxialen Druckversuchen verwendet werden, z.B. das Glensche Gesetz (1.55)

$$\dot{\varepsilon}_z = B(\sigma_z')^3 = B(\sigma_z - \sigma_x)^3 = \frac{2}{9}A(\sigma_z - \sigma_x)^3. \tag{1.95}$$

Es kann auch die Beziehung (1.77) von Colbeck und Evans (1973) verwendet werden

$$\dot{\varepsilon}_z = 0{,}21\sigma_z' + 0{,}14\sigma_z'^3 + 0{,}055\sigma_z'^5 \tag{1.96}$$
$$= 0{,}21(\sigma_z - \sigma_x) + 0{,}14(\sigma_z - \sigma_x)^3 + 0{,}055(\sigma_z - \sigma_x)^5, \tag{1.97}$$

mit $\dot{\varepsilon}_{11}$ in 1/Jahr und σ_{11} in Bar.

Die Vertikalverzerrungsrate wird an der Oberfläche Null, da dort $\sigma_z = \sigma_x$ (ein hydrostatischer Spannungszustand) herrscht, Abb. 1.51-rechts. Sie erreicht ein Maximum in der Tiefe der maximalen Hauptspannungsdifferenz und fällt dann wieder ab. Wie für die elastische Setzung liefert eine numerische Integration die Kriechsetzungsrate[18]

$$\dot{u}_{\text{kr}} = \int_0^{z_{\text{grenz}}} \dot{\varepsilon}_z \mathrm{d}z, \tag{1.98}$$

vgl. (1.9). Die Integration wird abgebrochen wenn $\dot{\varepsilon}_z(z)$ sehr klein wird. Für die als über die Zeit konstant angenommenen Spannungen folgt direkt die Kriechsetzung zur Zeit t

$$u_{\text{kr}} = \dot{u}_{\text{kr}} t. \tag{1.99}$$

Die Setzung unter dem Mittelpunkt einer Kreisflächenlast $p = 100$ kPa mit Radius $r = 1{,}5$ m auf temperiertem Eis, welches mit dem Glenschen Fließgesetz modelliert wurde ($A = 6{,}8 \cdot 10^{-5}(\text{kPa})^{-3}\text{s}^{-1}$, $n = 3$), wird mit dem Näherungsverfahren nach einem Jahr zu

---

[18] Hier wird die Verzerrungsrate durch die Deformationsrate ersetzt:

$$\dot{\varepsilon}_z = \frac{\partial v_z}{\partial z} = \frac{\partial \dot{u}_z}{\partial z}.$$

$$u_{kr} = 2{,}1 \text{ cm}$$

abgeschätzt. Eine Finite-Elemente-Berechnung desselben Problems unter Verwendung eines nichtlinearen visko-elastischem Materialmodelles ($E = 9{,}2$ GPa, $v = 0{,}3$ und Glensches Fließgesetz mit vorigen Parametern) liefert

$$u_{kr} = 1{,}4 \text{ cm}.$$

Der Unterschied ist eine Folge der Annahme der Zeitkonstanz der Spannungen. Er ist gering im Verhältnis zu den Versuchsstreuungen der Kriechraten in einaxialen Druckversuchen, vgl. Abb. 1.39 auf S. 31. Weitaus größere Unterschiede treten auf, wenn mit verschiedenen Fließgesetzen gearbeitet wird. So ist die rechnerische Kriechsetzung unter der Mitte einer quadratischen (1 m × 1 m) Last $p = 100$ kPa für temperiertes Eis nach dem Glenschen Fließgesetz ($A = 6{,}8 \cdot 10^{-5}(\text{kPa})^{-3}\text{s}^{-1}$, $n = 3$) nach einem Jahr

$$u_{kr} = 0{,}5 \text{ cm}.$$

Wird die Beziehung von Colbeck und Evans (1973) zur Modellierung des temperierten Eises verwendet, ist die rechnerische Kriechsetzung nach einem Jahr

$$u_{kr} = 19 \text{ cm}.$$

Dieser große Unterschied erklärt sich daraus, dass die Beziehung von Glen für kleine Spannungen nicht gut an die Versuchsdaten passt, vgl. Abb. 1.39 auf S. 31. Es empfiehlt sich also, die Beziehungen von Colbeck und Evans (1973) oder Nixon und McRoberts (1976) zu verwenden. Generell müssen die berechneten Kriechsetzungen als sehr grobe Abschätzungen verstanden werden. Im Zweifelsfall sind Labor- und Feldversuche unerlässlich. Bauwerke auf Eis dürfen keinesfalls setzungsempfindlich sein.

Für die Setzung von Streifenfundamenten $0{,}1 \text{ m} \leq b \leq 1 \text{ m}$ mit Sohldrücken von 50 bis 500 kPa ist die Kriechsetzungsrate auf temperiertem Eis (Fellin und Lackinger 2007)

$$\dot{u}_{kr} = \beta_1 b^{\beta_2} p^{\beta_3} \tag{1.100}$$

mit $\beta_1 = 8{,}6 \cdot 10^{-5}$ m kPa$^{-\beta_3}$ a^{-1} m$^{1-\beta_2}$, $\beta_2 = 0{,}92$, $\beta_3 = 1{,}74$. Die Dimensionen in der Gleichung sind: $[b] = $ m, $[p] = $ kPa und $[\dot{u}] = $ m/a. Für Eis mit $-2°$C ist die Setzungsrate deutlich geringer: $\beta_1(-2°\text{C}) = 1{,}0 \cdot 10^{-6}$ m kPa$^{-\beta_3}$ a^{-1} m$^{1-\beta_2}$, $\beta_2(-2°\text{C}) = 0{,}97$, $\beta_3(-2°\text{C}) = 2{,}15$.

Kapitel 2
Schneemechanik

Trockener Schnee besteht aus Eiskristallen und Luft. Dabei geht der Luftanteil von ca. 10% bis über 90%. Qualitativ verhält sich Schnee ziemlich ähnlich wie Eis, nur komplexer, wegen des teilweise beträchtlichen Porenanteils und vor allem seiner inneren Struktur, Abb. 2.1.

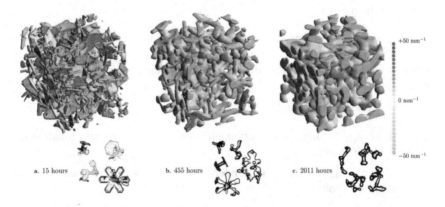

Abb. 2.1 Veränderung der Mikrostruktur von Schnee während der abbauenden Metamorphose (aus Flin et al. 2004, Météo-France - CNRS).

Erschwerend kommt hinzu, dass sich der liegende Schnee im Laufe eines Winters relativ schnell verändert. Wie stark diese Veränderung ist, verdeutlicht die Umwandlung von Neuschnee aus locker gelagerten Schneekristallen über mehrere Jahre zu Gletschereis.

2.1 Entstehung von Schnee

Schnee entsteht in der Atmosphäre wenn

1. die Lufttemperatur kleiner $0°C$ ist,

2. die Luftfeuchtigkeit genügend hoch ist und

3. Kondensations- und Eisbildungskeime vorhanden sind.

In einer Wolke kondensiert Wasserdampf an Kondensationskeimen (z.B. Rußpartikel, Pollen, Salze) und feinste unterkühlte Wassertröpfchen gefrieren an Eisbildungskeimen (Kristallisationskeimen), die eine ähnliche Kristallstruktur wie Eis aufweisen (z.B. Tonminerale) und deutlich seltener vorkommen als Kondensationskeime. Ohne Eisbildungskeime gefriert unterkühltes Wasser spontan bei -39°C. An bereits vorhandenen Eisstücken können weitere Wassermoleküle resublimieren.

Es liegt also eine Mischung aus

- Wasserdampf,
- unterkühlten Wassertröpfchen[1] und
- Eiskristallen

vor. Je nach Temperatur und Wasserdampfdichte entstehen verschiedene Kristallformen in den Wolken, Abb. 2.2. Diese verschiedenen Formen wirken sich allerdings kaum auf das mechanische Verhalten der durch Ablagerung entstehenden Schneedecke aus.

Folgende Bezeichnungen sind üblich:

Schneekristall: Sublimation/Resublimation von Wasserdampf, hexagonale Grundform, kleiner 5 mm;

Schneeflocke: zusammengefrorene oder ineinander verhakte Schneekristalle, bis zu zentimetergroß;

Graupel: entsteht durch Anfrieren unterkühlter Wassertröpfchen an Eiskristallen (ist weiß wegen der Lufteinschlüsse), kleiner als 5 mm;

Hagel: durch mehrmaliges Auf- und Absteigen in der Wolke lagern sich mehrere Schichten unterkühltes Wasser an, größer als 5 mm;

Reif: auch Oberflächenreif, Resublimation an Oberflächen (z.b. Boden, Schnee), Abb. 2.3;

Raureif, Anraum: Anfrieren von unterkühlten Wassertröpfchen bei Aufprallen auf eine Oberfläche (z.B. Gipfelkreuz).

---

[1] Aus dem flüssigen Wasser können Wassermoleküle leichter verdunsten als aus den Eiskristallen sublimieren. Deshalb herrscht in der Nähe der Wassertröpfchen ein höherer Wasserdampfdruck als in der Nähe der Eiskristalle und damit ein Wasserdampftransport von den Wassertröpfchen zu den Eiskristallen.

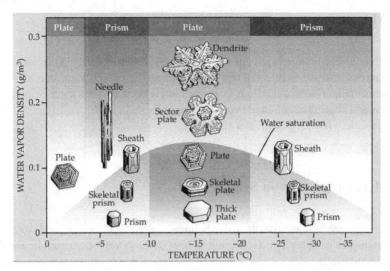

Abb. 2.2 Entstehung der Schneekristalle nach dem Nakaya-Diagramm: *water vapor density* (Übersättigung der Luft mit Wasserdampf in g/cm³ bezogen auf Eis) ist die Wasserdampfdichte (absolute Luftfeuchtigkeit) über dem Eis minus der Wasserdampfdichte für thermodynamisches Gleichgewicht (Sättigungswasserdampfdichte bezogen auf Eis); *water saturation* ist die etwas höhere Sättigungswasserdampfdichte über unterkühltem Wasser (aus: Furukawa und Wettlaufer 2007).

Abb. 2.3 Oberflächenreif.

Mechanisch interessant sind Graupel und Reif, denn Zwischenlagen dieser Schnee-arten bilden Schwächezonen in der Schneedecke.

Schneekristalle besitzen in der Regel hexagonale Grundformen. Das hat bereits Johannes Kepler erkannt und dies 1611 in seinem Buch *A New Year's Gift of Hexgonal Snow* mit der Packung von Kugeln erklärt. Dies ist zwar nicht richtig, hat ihn aber immerhin zu der Lösung der dichtesten Lagerung von Kugeln geführt.

2.2 Ablagerung

Der fallende Schnee lagert sich auf Oberflächen ab, z.B. am Boden. Dies ist ein Se-
dimentationsprozess[2]. Schneefall tritt periodisch auf, eventuell kann sich zwischen
den Schneefallperioden zusätzlich Oberflächenreif bilden. Wind kann Schnee ver-
frachten und abgelagerter Schnee verändert sich. Deshalb ist die natürliche Schneedecke praktisch immer geschichtet aufgebaut.

2.3 Metamorphose von Schnee

Die abgelagerten Schneekristalle in der Schneedecke verändern sich, auch wenn die
Schneetemperatur unter dem Gefrierpunkt liegt. Diesen Veränderungen liegen drei
Prozesse zugrunde:

1. abbauende Metamorphose

2. aufbauende Metamorphose

3. Schmelzmetamorphose

4. mechanische Metamorphose

Metamorphose: griechisch $\mu\varepsilon\tau\alpha\mu\acute{o}\rho\varphi\omega\sigma\iota\varsigma$ (metamórphosis) bedeutet Um-
gestaltung, Umwandlung, Verwandlung.

2.3.1 Abbauende Metamorphose

Die abbauende Metamorphose wandelt die verästelten Neuschneekristalle in kleinere kugelförmige Körner um. Diesem Vorgang liegen zwei physikalische Prozesse
zugrunde:

1. An den Spitzen der Eiskristalle herrscht ein höherer Sättigungsdampfdruck als
   in den Einkerbungen, Abb. 2.4. Dadurch entsteht ein Dampfdruckgefälle von
   den Spitzen zu den Einkerbungen hin, das einen Wasserdampftransport nach sich
   zieht. Die zu den Kerben hin transportierten Wassermoleküle resublimieren dort
   und runden die Kerben aus. Die von den Spitzen wegtransportierten Wassermol-
   küle werden durch Wassermoleküle aus dem Eiskristall ersetzt. Dadurch flachen
   die Spitzen ab.

---

[2] Sedimentation bzw. Sedimentierung bezeichnet allgemein die Ablagerung von Teilchen. Dabei
entsteht der Bodensatz bzw. das Sediment (lat. *sedimentum*, von *sedeō*: ich sitze).

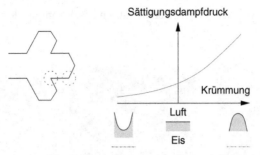

Abb. 2.4 Abbauende Metamorphose: Kelvineffekt.

Die Abhängigkeit des Sättigungsdampfdruckes von der Oberflächenkrümmung wird Kelvineffekt genannt.

2. Über ca. -10°C sind die Wassermoleküle an der Oberfläche sehr leicht beweglich. Um die verschiedenen Oberflächenspannungen der verästelten Kristalle auszugleichen, wandern Wassermoleküle in der Schicht von den Spitzen zu den Einkerbungen. Der Transport würde erst bei einer exakten Kugelform aufhören, denn dann hat die Oberfläche überall die gleiche Oberflächenspannung (bzw. die Kugelform hat die minimale Obefächenenergie).

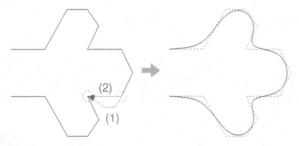

Abb. 2.5 Abbauende Metamorphose: (1) Transport von Wassermolekülen aufgrund des Kelvineffektes, (2) Transport von Wassermolekülen in der fast flüssigen Schicht aufgrund unterschiedlicher Oberflächenspannungen.

Die beiden Effekte führen zu einer stetigen Abrundung der Kristalle (Abb. 2.5) und schließlich zu einer Umwandlung in kugelförmige Körner. Zwischenformen werden als filziger Schnee bezeichnet. Das Endprodukt der abbauenden Metamorphose heißt rundkörniger Schnee. Für die drei auftretenden Schneearten (Abb. 2.6) sind die Symbole in Abb. 2.7 üblich. Unter abgeschlossenen Bedingungen entstehen lauter gleich große Körner, denn kleinere Körner haben eine größere Krümmung als größere. In der Nähe der kleineren Körner herrscht ein höherer Dampfdruck als bei den größeren, also entsteht wieder ein Wasserdampftransport, der erst aufhört, wenn alle Körner gleich groß sind. Deshalb wird das Endprodukt der abbauenden Metamorphose auch Gleichgewichtsform genannt. Bei -5°C dauert die abbauende Metamorphose ca. 1 bis 2 Wochen, höhere Temperaturen beschleunigen den Prozess, tiefere verlangsamen ihn.

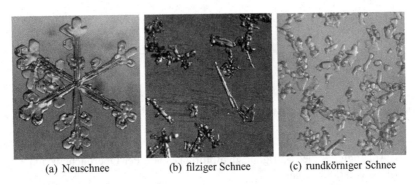

| (a) Neuschnee | (b) filziger Schnee | (c) rundkörniger Schnee |

Abb. 2.6 Abbauende Metamorphose: Schneearten (Quelle: Lawinenwarndienst Tirol).

Abb. 2.7 Abbauende Metamorphose: Symbole der Schneearten.

Die Versinterung von sich berührenden Kristallen an den Kontaktstellen erhöht die Festigkeit der Schneedecke. Sie entsteht hauptsächlich durch die gleichen Prozesse wie zuvor, da die Kontaktstelle wie eine Einkerbung wirkt, Abb. 2.8 und 2.10.

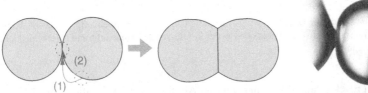 

Abb. 2.8 Versinterung von Schneekristallen durch (1) den Transport von Wassermolekülen durch den Kelvineffekt und (2) in der fast flüssigen Schicht. Weiters wirken beschleunigend ein Massentransport im Kristall und die Deformation der Kristalle durch Druckkräfte in der Schneedecke.

Abb. 2.9 Eine neu entstandene Sinterverbindung zwischen einem runden und einem kantigen Korn (aus: Colbeck 1997).

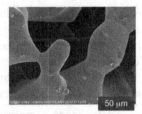
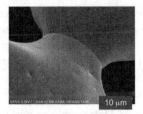

Abb. 2.10 Sinterverbindungen in Firn (aus: Blackford 2008).

2.3.2 Aufbauende Metamorphose

An der Bodenoberfläche unter einer Schneedecke ist die Temperatur ungefähr $0°C$, da Schnee ein guter Isolator für die nach oben strömende Erdwärme ist. An der Schneeoberfläche herrschen im Winter üblicherweise Temperaturen unter $0°C$. Dadurch entstehen Temperaturunterschiede in der Schneedecke, mit im Mittel abnehmender Temperatur nach oben.

Der Sättigungsdampfdruck über Eis steigt für steigende Temperaturen. Es kommt zu einem Dampfdruckgefälle von den wärmeren bodennahen Schichten zu den kälteren oberflächennahen Schichten hin und damit zu einem Wasserdampftransport. Der aufsteigende Wasserdampf resublimiert an den darüberliegenden Körnern. Es entstehen zunächst kantige Formen und in der Folge hohle, nach unten offene Becherkristalle, Abb. 2.11 und 2.12. Die Kontaktstellen zwischen den Körnern nehmen durch die aufbauende Umwandlung ab, eventuelle Versinterungen gehen verloren. Die aufbauende Metamorphose reduziert die Festigkeit der betroffenen Schichten.

(a) kantigkörniger Schnee   (b) Becherkristalle

Abb. 2.11 Produkte der aufbauenden Metamorphose (Quelle: Lawinenwarndienst Tirol).

☐ kantigkörniger Schnee

⋀ Becherformen

aufbauende Metamorphose

Abb. 2.12 Aufbauende Metamorphose: Symbole der Schneearten.

Dieser Prozess der sogenannten Tiefenreif- oder Schwimmschneebildung betrifft vor allem bodennahe Schichten. Daher ist keine Setzung der Schneeoberfläche zu beobachten. Bei einem Temperaturgradienten von 15°C pro Meter dauert es ca. einen Monat bis 5 mm große Becherkristalle entstehen. Bei einem Temperaturgradienten kleiner als 15°C pro Meter tritt keine wesentliche Schwimmschneebildung auf. Bei 30°C pro Meter entstehen in ca. 2 Wochen Becherkristalle größer als 5 mm.

Die aufbauende Metamorphose wirkt, solange der treibende Temperaturgradient vorhanden ist. Sie wird deshalb als kinetischer Prozess bezeichnet.

Wenig Schnee und kalte Temperaturen führen zu einem hohen Temperaturgradienten. Diese Bedingungen sind oft in steilen Nordhängen zu finden. Schneedecken in solchen Hängen sind deswegen tendenziell schwächer aufgebaut.

Durch nächtliche Abkühlung der Schneeoberfläche können hohe Temperaturgradienten in der oberen Schicht der Schneedecke auftreten. Der dadurch aufbauend umgewandelte Schnee wird ebenso wie trockener Neuschnee als *Pulverschnee* bezeichnet und ist sehr beliebt bei Skifahrern. Werden solche Schichten wieder eingeschneit bleiben Schwächezonen in der Schneedecke zurück.

2.3.3 Schmelzmetamorphose

Durch Wärmezufuhr über

- Sonneneinstrahlung (wirkt ca. 20-30 cm in die Schneedecke),
- Luft (Wind, z.B. Föhn),
- Regen oder
- Erdwärme (wenig, aber 24 Stunden am Tag),

kann die Temperatur in der Schneedecke auf 0°C ansteigen. Weitere Wärmezufuhr führt dann zum Schmelzen der Kristalle. Die Körner werden runder und größer, Abb. 2.13 und 2.14.

Bei wenig Schmelzwasser bilden sich Kapillarzwickel zwischen den Körnern, dies wirkt festigkeitserhöhend (scheinbare Kohäsion). Viel Schmelzwasser füllt die Porenräume, die Kapillarzwickel verschwinden und somit die scheinbare Kohäsion. Außerdem erzeugt hangparallel abfließendes Wasser (z.B auf einer Eislamelle oder am Boden) einen Strömungsdruck in der Schneedecke, der als zusätzlich treibende

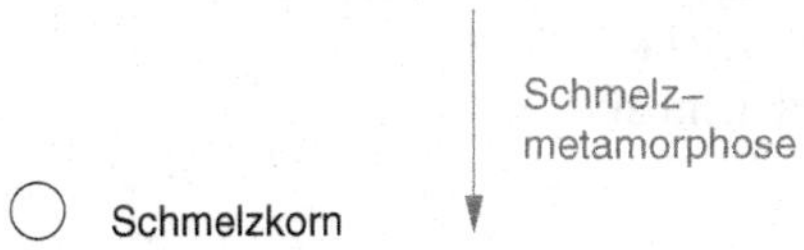

Schmelz–
metamorphose

◯ Schmelzkorn

Abb. 2.13 Schmelzmetamorphose: Symbol der Schneeart.

Abb. 2.14 Schmelzformen (aus: GLOSSAR Schnee und Lawinen online).

Komponente destabilisierend wirkt. Gefriert die Schneedecke in der Nacht, bilden sich größere Knollen (Harschdeckel).

Die Schmelzmetamorphose vermindert die Festigkeit bei viel freiem Wasser und erhöht sie bei wenig freiem Wasser. Wiedergefrieren erhöht die Festigkeit.

2.3.4 Mechanische Metamorphose

Veränderungen des Schnees durch mechanische Einwirkungen können auch als mechanische Metamorphose bezeichnet werden (Nairz et al. 2011). Sie erfolgt auf natürliche Weise durch Windverfrachtung. Beim Herauslösen, Transport und bei der erneuten Ablagerung werden die Schneekristalle zerbrochen. Es bildet sich sogenannter Triebschnee mit meist gutem inneren Verbund. Ist dieser Triebschnee schlecht mit der Altschneedecke verbunden, entstehen potentielle Gefahrenstellen.

2.3.5 Physikalisch-mechanische Veränderungen bei der Metamorphose

Die messbaren Veränderungen während der Metamorphose und die Auswirkung auf die mechanischen Eigenschaften sind hier zusammengefasst.

Abbauende Metamorphose:

Korngröße:	sinkt von 2-5 mm (Neuschnee) auf 0,5-1 mm (rundkörniger Schnee)
Kornform:	Neuschnee, filziger Schnee, rundkörniger Schnee
Dichte ρ:	steigt von ca. 100 kg/m^3 auf ca. 500 kg/m^3
Setzungen der Schneedecke:	treten auf
Festigkeit:	steigt
Verformbarkeit:	sinkt

Aufbauende Metamorphose:

Korngröße:	ca. 3 mm (kantige Form), ca. 5 mm (Becher)
Kornform:	kantigkörniger Schnee, Becherkristall
Dichte ρ:	sinkt ganz leicht
Setzungen der Schneedecke:	nicht beobachtbar
Festigkeit:	sinkt
Verformbarkeit:	sinkt

Schmelzmetamorphose:

Korngröße:	1-3 mm (Schmelzkorn), bis 15 mm (Knollen)
Kornform:	Schmelzkorn, Knollen
Dichte ρ:	steigt
Setzungen der Schneedecke:	treten auf
Festigkeit:	steigt bei wenig Wasser, sinkt bei viel Wasser
Verformbarkeit:	steigt

2.4 Schneearten, Begriffe

Folgende Begriffe werden häufig verwendet:

Lockerschnee: hat eine geringe Dichte (viel Poren)

Wildschnee: fällt ohne Wind, extrem locker

Pulverschnee: trockener Schnee

- Neuschnee
- aufbauend umgewandelter Schnee an Oberfläche

Windverfrachteter Schnee, Triebschnee: ist durch Verfrachtung verfestigt

- Brettschnee
- Wechte

Sulzschnee: ist grobkörniger und feuchter Schnee, entsteht vorwiegend im Frühling durch wiederholtes Auftauen und Wiedergefrieren der Oberflächenschichten der Schneedecke

Harsch oder Harst: durch Schmelz- und Gefrierprozesse oder durch Wind stark verfestigte Schneeschicht

- Schmelzharsch ist gefrorener Sulzschnee
- Windharsch
- Regenharsch
- Bruchharsch (Deckel mit geringer Festigkeit)

Faulschnee: Schmelzformen ohne Bindung

Schwimmschnee: kantige Formen oder Becherkristalle

Firn: Schnee, der in den Alpen ein Jahr überdauert hat[3] und eine Dichte kleiner
830 kg/m^3 aufweist. Bei dieser Dichte existiert noch ein zusammenhängender
Porenraum.

Eis: hat eine Dichte größer als 830 kg/m^3. Ab dieser Dichte sind die Poren nicht
mehr zusammenhängend.

> Es ist ein gern kolportiertes Gerücht, dass Inuit hundert Begriffe für Schnee
> haben (vgl. Stefanowitsch online). Der Schweizer Schneeforscher Martin
> Schneebeli könnte immerhin 50 Arten aufzählen: »In Wirklichkeit gibt es
> Tausende – sie haben nur nicht alle einen Namen.« (DIE ZEIT, 21.02.2008
> Nr. 09)

2.5 Schneeklassifikation

Schnee wird nach der *International Classification for Seasonal Snow on the Ground*
(Fierz et al. 2009) klassifiziert. Die fünf wesentlichen Kriterien sind

1. Alter

2. Feuchtigkeit

3. Korngröße

4. Dichte

5. Kornform

2.5.1 Alter

Es gibt Neu- und Altschnee. Schnee wird meteorologisch als Altschnee bezeichnet,
wenn er älter als 24 Stunden ist. Mechanisch wird von Altschnee gesprochen, wenn
sich die Kristallform (und damit die mechanischen Eigenschaften) verändert hat.

---

[3] In den Polarregionen dauert die Umwandlung von Schnee zu Firn aufgrund der fehlenden
Schmelzmetamorphose wesentlich länger. Von Firn wird gesprochen, wenn die Dichte etwa das
0,6-fache der Eisdichte erreicht hat.

2.5.2 Feuchtigkeit

Die Feuchtigkeit ist der auf das Volumen bezogene Wassergehalt:[4]

$$\Theta = \frac{V_W}{V_E}, \tag{2.1}$$

mit dem Volumen des flüssigen Wassers V_W und dem Volumen des Eises V_E. Es sind Werte bis ca 20% möglich. Die Feuchtigkeit ist schwierig zu messen, daher erfolgt die Einteilung meist qualitativ, Tab. 2.1.

trocken	$\vartheta \leq 0^\circ$C
schwach feucht	$\vartheta = 0^\circ$C, Wasser nicht erkennbar, Schnee pappig
feucht	$\vartheta = 0^\circ$C, Wasser erkennbar, kein Abfluss
nass	$\vartheta = 0^\circ$C, Wasser fließt ab
sehr nass	$\vartheta = 0^\circ$C, vollständig wassergesättigter Schnee

Tabelle 2.1 Feuchtigkeit des Schnees.

2.5.3 Korngröße

Die Korngröße ist die größte Abmessung der Mehrzahl der Körner. Sie wird mit D (Durchmesser) oder E (Extension) abgekürzt. Die Einteilung geht von sehr fein bis extrem, Tab. 2.2.

Bezeichnung	Größe (mm)
sehr fein	< 0,2
fein	0,2 - 0,5
mittel	0,5 - 1,0
grob	1,0 - 2,0
sehr grob	2,0 - 5,0
extrem	> 5,0

Tabelle 2.2 Korngröße.

Die Korngröße wird mittels Lupe und Schneeraster (Abb. 2.15) geschätzt.

---

[4] In der Bodenmechanik wird die Feuchtigkeit üblicherweise massenbezogen angegeben.

Abb. 2.15 Schneeraster der österreichischen Lawinenwarndienste.

2.5.4 Dichte

Die Dichte

$$\rho = \frac{m}{V} \tag{2.2}$$

kann leicht mit einem Ausstechzylinder (definiertes Volumen V) und einer Waage (Masse des ausgestochenen Schnees m) ermittelt werden.

Der Porenanteil ist

$$n = 1 - \frac{\rho}{\rho_E}, \tag{2.3}$$

mit der Dichte des reinen Eises $\rho_E = 917\,\text{kg/m}^3$. Typische Dichten sind in Tab. 2.3 zusammengestellt. Für Berechnungen wird oft die Wichte

$$\gamma_s = \rho_s g \tag{2.4}$$

verwendet, mit der Erdbeschleunigung $g = 9{,}81$ m/s.

Schneeart	Dichte (kg/m^3)
Wildschnee	10 -30
Pulverschnee	30 -60
schwach windgepresster Schnee	60 - 100
stark windgepresster Schnee	100 - 300
Neuschnee im Mittel	100
filziger Schnee	150 - 300
rundkörniger Schnee im Mittel	350
kantigkörniger Schnee	250 - 400
Becherformen	150 - 350
Nassschnee (Schmelzformen)	300 - 600
abgelagerter Lawinenschnee	500 - 800
Firnschnee	600 - 830

Tabelle 2.3 Typische Dichten von verschiedenen Schneearten.

2.5.5 Kornform

Die Kornform:

- ändert sich durch die Metamorphose;
- ist annähernd konstant in einer Schicht;
- gibt Anhaltspunkte über den Zustand und die Eigenschaften der betreffenden Schneeschicht und ist deshalb ein wichtiges Kriterium.

Ihre Bestimmung ist sehr SUBJEKTIV! Eine Hilfe findet sich z.B. auf der Rückseite des Schneerasters der österreichischen Lawinenwarndienste, Abb. 2.16.

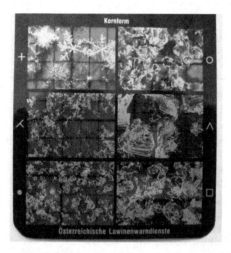

Abb. 2.16 Kornformen auf der Rückseite des Schneerasters der österreichischen Lawinenwarndienste.

Die wichtigsten Arten sind: Neuschnee – filziger Schnee – rundkörniger Schnee – kantigkörniger Schnee – Becherkristalle – Schmelzformen – Oberflächenreif. Die einzelnen Arten können noch feiner unterteilt werden, dies ist aber mechanisch weniger aussagekräftig.

2.6 Schneelasten

Die in Österreich zu berücksichtigenden Schneelasten sind in der ÖNORM EN 1991-1-3 (2005) und dem nationalen Anwendungsdokument ÖNORM B 1991-1-3 (2006) geregelt.

2.6.1 Schneelast am Boden

Die in den Normen geregelte charakteristische Schneelast s_k gilt für Schnee am Boden mit einer Wiederkehrperiode von 50 Jahren. In Österreich werden keine außergewöhnlichen Schneelasten in Rechnung gestellt. Für die charakteristische Schneelast wird angegeben

$$s_k = (0{,}642Z + 0{,}009)\left[1 + \left(\frac{A}{728}\right)^2\right] \text{ kN/m}^2. \tag{2.5}$$

Darin ist A die Seehöhe in Meter. Diese darf nicht größer als 1500 m sein. Für Schneelastwerte in höheren Regionen kann die Zentralanstalt für Meteorologie und Geodynamik (ZAMG) angefragt werden. In Österreich sind vier Lastzonen (2*, 2, 3, 4) in einer Karte der ÖNORM B 1991-1-3 (2006) festgelegt. Diesen Lastzonen ist der Rechenwert Z zugeordnet, z.B. $Z = 1{,}6$ für die Lastzone 2*, in Übergangsbereichen darf gemittelt werden.

Bsp: Innsbruck: $A = 573$ m, Lastzone 2 $\rightsquigarrow Z = 2$

$$s_k = (0{,}642 \cdot 2 + 0{,}009)\left[1 + \left(\frac{573}{728}\right)^2\right] = 2{,}09 \text{ kN/m}^2$$

Größere Städte und Orte sind in der ÖNORM B 1991-1-3 (2006) auch in einer Tabelle aufgelistet, z.B. Innsbruck $\rightsquigarrow s_k = 2{,}10$.

2.6.2 Schneelast am Dach

Die Schneelast am Boden wird in die Schneelast auf einem Dach s umgerechnet. Diese wirkt lotrecht auf eine horizontale Projektion der Dachfläche

$$s = \mu_i C_e C_t s_k, \tag{2.6}$$

mit

C_e ... Umgebungskoeffizient, in Österreich generell $C_e = 1$,

C_t ... Temperaturkoeffizient, in Österreich generell $C_t = 1$ (außer für Gewächshäuser),

μ_i ... Formbeiwert für Dachform, z.B. für ein Satteldach in Abb. 2.17.

Es werden 2 Lastanordnungen berechnet: verweht und nicht verweht.

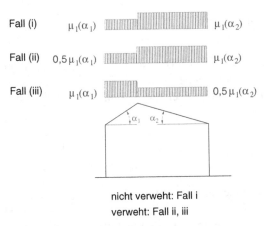

Fall (i) $\mu_1(\alpha_1)$ $\mu_1(\alpha_2)$

Fall (ii) $0{,}5\,\mu_1(\alpha_1)$ $\mu_1(\alpha_2)$

Fall (iii) $\mu_1(\alpha_1)$ $0{,}5\,\mu_1(\alpha_2)$

nicht verweht: Fall i
verweht: Fall ii, iii

Abb. 2.17 Formbeiwerte für Satteldach (nach: ÖNORM EN 1991-1-3 2005, Bild. 5.3).

Bsp: Die Formbeiwerte für ein Satteldach sind in Abb. 2.17 dargestellt.

Ist das Abgleiten des Schnees auf einem Satteldach nicht verhindert, sind die Formbeiwerte:

$$0° \leq \alpha \leq 30°: \quad \mu_1 = 0{,}8$$
$$30° < \alpha < 60°: \quad \mu_1 = 0{,}8 \cdot (60 - \alpha)\,/\,30$$
$$\alpha \geq 60°: \qquad\;\; \mu_1 = 0$$

Sind Schneegitter, Dachaufbauten oder eine Aufkantung bei der Dachtraufe vorhanden, ist $\mu_1 \geq 0{,}8$.

Für ein symmetrisches Satteldach in Innsbruck mit $\alpha = 25°$ wird die Dachschneelast damit zu

$$s = \mu_1 s_k = 0{,}8 \cdot 2{,}1 = 1{,}68 \; \text{kN/m}^2.$$

Im nicht verwehten Lastfall ist s konstant über das Dach verteilt, im verwehten wirkt s auf einer Seite und $s/2$ auf der anderen Seite. Da die Schneelast eine veränderliche Last darstellt, wird sie noch um den Teilsicherheitsbeiwert 1,5 (ÖNORM EN 1990 2003, Tab. A.1.2(A)) erhöht, um den Bemessungswert für eine Dimensionierung zu erhalten.

In ÖNORM EN 1991-1-3 (2005) sind auch Anhaltswerte für Schneewichten enthalten:

- frisch: 1 kN/m^3
- gesetzt (mehrere Stunden oder Tage nach dem Schneefall): 2 kN/m^3
- alt (mehrere Wochen oder Monate nach dem Schneefall): 2,5 bis 3,5 kN/m^3
- feucht: 4 kN/m^3

Das ergibt für die oben berechnete Dachschneelast in Innsbruck $s = 1,68 \text{ kN/m}^2$ eine rechnerische Neuschneehöhe von ca. 1,7 m und eine Frühjahrsschneehöhe (feucht) von ca. 40 cm.

2.6.3 Örtliche Effekte

Örtliche Effekte sind gesondert geregelt, z.B.:

- Verwehungen an Wänden und Aufbauten bewirken eine lokale Erhöhung von s,
- Ein möglicher Schneeüberhang an Dachtraufen wird mit $s_e = 0,5 \cdot s$ pro Laufmeter Dachtraufe berücksichtigt,
- Schneelasten auf Schneefängern und Dachaufbauten werden unter der Annahme berechnet, dass die Reibung zwischen Schnee und Dach gleich Null ist. Auf Schneefänger mit dem horizontalen Abstand b wirkt damit die Linienlast $F_s = sb \sin \alpha$.

2.7 Schneedecke

2.7.1 Schneehöhe, Schneedicke

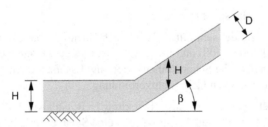

Abb. 2.18 Schneehöhe H und Schneedicke D.

Die Schneehöhe H wird vertikal gemessen, die Schneedicke D senkrecht zur Oberfläche, Abb. 2.18. Für einen um β geneigten Hang gilt

$$D = H \cos \beta . \tag{2.7}$$

Die Höhe und Dicke kann auch für Neuschnee (H_N, D_N) und Altschnee (H_S, D_S) getrennt angegeben werden.

Bei Windstille lagert sich das Schneevolumen des Niederschlagsereignisses über
die Fläche gleichverteilt ab. Damit wird H unabhängig von β, D hingegen umso
geringer je steiler der Hang wird. Der für die aufbauende Metamorphose wichtige
mittlere Temperaturgradient berechnet sich aus dem Temperaturunterschied zwischen Schneeoberfläche und Boden und der Schneedicke $\Delta T/D$. Dieser, und damit
die Wahrscheinlichkeit der Schwimmschneebildung, ist damit im Hang tendenziell
höher als in der Ebene.

Messung der Schneehöhe

Die Schneehöhe kann auf verschiedene Arten gemessen werden.

Schneepegel: fest stationierte Messlatte aus Holz mit Zentimeterteilung und Dezi-
metermarkierung. Er muss an einer repräsentativen Stelle errichtet werden. Zur
Ablesung muss der Pegel zugänglich sein, oder zumindest freie Sicht auf ihn
herrschen.

Sonde: dünnes Alurohr, welches von der Schneeoberfläche bis zum Boden durch-
gestochen wird. Sie dient zur Rastermessung eines Schneefeldes.

Ultraschall: an der Spitze eines fixen Pegels installierte Ultraschallsonde. Es wird
die Laufzeit des Ultraschalles von der Pegelspitze bis zur Schneeoberfläche und
zurück gemessen. Die Geschwindigkeit des Ultraschalles hängt von der Lufttemperatur ab, die mitgemessen werden muss. Die Station ist üblicherweise eine au-
tomatische Messeinrichtung, welche oft mit einer Wetterstation kombiniert wird.
Sie muss an einer repräsentativen Stelle errichtet werden. Die Datenübertragung
kann per Funk oder Mobiltelefon erfolgen.

Photogrametrie: Hat sich nicht bewährt.

Laserscanner: befindet sich mit vielversprechenden Ergebnissen in Entwicklung
(z.B. Galahad 2005-2008) und liefert für ausgewählte Hänge wertvolle flächige
Informationen über die Schneehöhenverteilung. Laserstationen haben aber auch
das Problem der notwendigen Sichtverbindung.

Radar: befindet sich ebenfalls in Entwicklung (z.B. Galahad 2005-2008) und liefert flächige Informationen. Radar würde keine Sichtverbindung benötigen.

Satellit: Zur Zeit (2009) zu wenig Überflüge in den relevanten Gebieten.

2.7.2 Einfluss des Windes

Weht während des Schneefalles geringer Wind, dann lagert sich bei Geländeforma-
tionen oder Hindernissen tendenziell luvseitig (windzugewandt) mehr Schnee ab.

Stärkerer Wind verfrachtet bereits abgelagerten Schnee und lagert diesen leeseitig (windabgewandt) ab. Dieser Schnee wird Triebschnee genannt. Die Schneeverfrachtung beginnt ab rund 4 m/s (ca. 15 km/h) Windgeschwindigkeit bei lockerem (Gabl und Lackinger 2000) und ab 10 m/s (35 km/h) bei etwas verfestigtem Schnee (GLOSSAR Schnee und Lawinen online). Die Menge des verfrachteten Schnees wächst mit der dritten Potenz der Windgeschwindigkeit. Doppelt so starker Wind ergibt also die achtfache Menge an verfrachtetem Schnee (Gabl und Lackinger 2000). Ein Verfrachtungsmaximum wird bei Windgeschwindigkeiten um 50 bis 80 km/h erreicht, weil danach die Erodierbarkeit der Schneedecke abnimmt (GLOSSAR Schnee und Lawinen online).

Wind verursacht also zum Teil beträchtliche und je nach Topographie auch sehr kleinräumige Unterschiede der Schneedicke im Gelände.

> „Der Wind ist der Baumeister der Lawinen"
> Wilhelm Paulke in den 30er Jahren
> (aus: Mair und Nairz 2010)

Zusätzlich ist der verfrachtete Schnee verfestigt und erhöht damit vor allem bei einer lockeren darunter liegenden Schneeschicht oder einer schlechten Verbindung zur Altschneedecke (z.B. Oberflächenreif) die Gefahr der Schneebrettbildung. Wenn es zum Beispiel auf einen Oberflächenreif zu schneien beginnt und dabei schwacher Wind (kleiner 20 km/h) weht, dann ist die Schicht meist schon ausreichend gebunden, um bei einem Versagen einer darunter liegenden Schwachschicht ein Schneebrett entstehen zu lassen.[5]

2.7.3 Schneeprofil

Ein Schneeprofil ist ein punktueller Aufschluss der Beschaffenheit der Schneedecke. Durch Herstellen einer Grube mit senkrechten Wänden (Schurf) wird die Schneedecke bis zum Boden freigelegt.

Schichtprofil: An der Wand der Grube werden zunächst die Grenzen zwischen einzelnen Schneeschichten (Homogenbereiche mit annähernd gleicher Kornform und Korngröße) festgelegt. Die Höhen dieser Grenzen über dem Boden bilden zusammen mit der Korngröße (vgl. Abschn. 2.5.3) und der Kornform (vgl. Abschn. 2.5.5) der in der Schicht überwiegend vorkommenden Kristalle die grundlegenden Informationen für das Schichtprofil, Abb. 2.19. Weiters wird die Härte der einzelnen Schichten mit einem einfachen Handtest bestimmt. Dabei werden 5

---

[5] Nairz, P. (2009): persönliche Mitteilung.

Klassen unterschieden (leichtes Eindringen möglich: mit Faust, 4 Fingern, 1 Finger, Bleistift oder Messer). Ein neueres Gerät misst den Eindringwiderstand einer dünnen Metallplatte (Borstad und McClung 2011) und liefert ein objektiveres Ergebnis als der traditionelle Handtest, dessen Ergebnis stark von der ausführenden Person abhängt. Für Schichten mit Temperaturen bei 0°C wird die Feuchtigkeit (Abschn. 2.5.2) bestimmt und im Schichtprofil vermerkt. Die Informationen dieser beiden Handtests werden auch als *Handprofil* bezeichnet. Möglichst in jeder Schicht wird die Dichte des Schnees ermittelt (vgl. Abschn. 2.5.4). Dies wird auch als *Dichteprofil* bezeichnet.

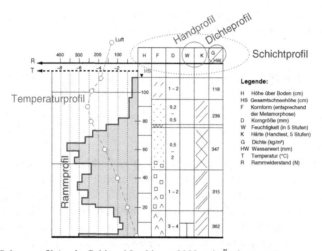

Abb. 2.19 Schneeprofil (nach: Gabl und Lackinger 2000, mit Änderungen).

Temperaturprofil: Die Schneetemperatur wird an der Schneeoberfläche, am Boden und in regelmäßigen Abständen in der Schneedecke gemessen, ergänzt mit der Lufttemperatur über der Schneedecke.

Rammprofil: Ein vollständiges Schneeprofil beinhaltet auch eine Rammsondierung als indirekte Messung der Schneefestigkeit, welche vor dem Ausheben der Grube in der noch ungestörten Schneedecke ausgeführt wird. Hier wird der Widerstand des Schnees gegen das Einrammen einer Rammstange für bestimmte Tiefenbereiche protokolliert (z.B. Gabl und Lackinger 2000). Die Spitze der für Schnee üblichen Rammsonde hat einen Durchmesser von 4 cm, damit ist die Tiefenauflösung sehr begrenzt. Ein neueres Gerät ist der SnowMicroPen (SMP) (Schneebeli et al. 1999), welcher eine wesentlich schlankere Spitze mit konstanter Geschwindigkeit in den Schnee treibt und dabei den Spitzendruck und den Mantelreibungswiderstand hinter der Spitze aufnimmt. Mit diesem Gerät sind wesentlich bessere Tiefenauflösungen zu erzielen.

Schneedaten, Wetterdaten und Lawinendaten werden in einem Diagramm zusammengestellt, um die Entwicklung der Schneedecke während des Winters zu veranschaulichen, dem sogenannten

Zeitprofil: Dieses enthält tägliche und periodische Informationen:

> *täglich:*   Schneehöhe, Neuschneehöhe, minimale und maximale Lufttemperatur, Wind (Richtung, Stärke im Mittel und Maxima), Sonnenscheindauer, Bewölkung, Oberflächenhärte (Einsinktiefe der ersten Rammstange), beobachtete Lawinen
>
> *periodisch:*   Schneeprofil (14-tägig), eventuell Auslösetests.

2.7.4 Schwächezonen in der Schneedecke

Ungünstig hinsichtlich der Lawinensituation sind folgende Stellen im Schneedeckenaufbau (Gabl und Lackinger 2000):

- alte (z.B. glatte) Schneeoberfläche mit geringer Bindung zur darüberliegenden Schicht, z.B. Wind- oder Schmelzharsch, Eislamellen;
- Oberfächenreif hat sehr geringe Festigkeiten und ist eingeschneit meist nur wenige Millimeter dick und deshalb schwer zu finden;
- lockere (weiche) Zwischenlagen, z.B. wieder umgewandelte Harsche, Hohlräume unter Harschdeckel;
- einzelne stark verfestigte Zwischenschichten in ansonsten weichen Schichten, weil diese Spannungen anziehen und eher spröde reagieren;
- schwaches Schneedeckenfundament, z.B. Schwimmschnee;
- oberflächlich fest, aber auf lockeren Schneeansammlungen fast hohl aufliegende Schneebretter;
- Eis oder Harschlamellen, auf denen sich Schmelzwasser stauen kann.

> Bei 34% aller Schneebrettabgänge mit Todesfällen in Kanada zwischen 1972 und 1991 bildete überlagerter Oberflächenreif die Schwachschicht (Jamieson und Geldsetzer 1996).

Relativ oberflächennahe Schwächezonen lassen sich punktuell durch Auslösetests auffinden (zusammengefasst von Nairz, P. in Tangl et al. 2009, Kap. Auslösetest):

Rutschblock (RB):   Quader mit 3 m^2 Fläche, Vorderseite 2 m und Seitenwände 1,5 m (Abb. 2.20), Hinterseite mit Reepschnur durchgeschnitten; Belastung im hinteren Drittel durch Betreten bis Draufspringen.

Kompressions- oder Säulentest (CT)[6]:   Säule mit 30 cm mal 30 cm Fläche (Abb. 2.21), von sämtlichen Randverbindungen getrennt (Schneesäge); Belastung durch verschieden starke Schläge auf ein aufgelegtes Schaufelblatt.

Erweiterter Kompressionstest (ECT)[7]:   Block mit 90 cm mal 30 cm Fläche (Abb. 2.22), von sämtlichen Randverbindungen getrennt; Belastung wie oben an seitlicher Begrenzung, Beobachtung der Rissfortpflanzung.

Ein Bruch des Blockes beim Ausgraben, bei verschieden starken Belastungen oder gar kein Bruch sowie die Art des Bruches geben eine Aussage über die Festigkeit von Schwachschichten und damit die Stabilität der Schneedecke. Die Bruchfläche kann noch genauer untersucht werden.

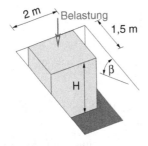

(a) Geometrie, Schneehöhe H, Hangneigung β (b) Belastung (Bild: P. Nairz)

Abb. 2.20 Rutschblocktest (RB).

Der Zeitbedarf ist am höchsten für den Rutschblocktest und am geringsten für den Kompressionstest. Die Unterscheidung zwischen einem möglicherweise instabilen oder stabilen Hang ist am verlässlichsten mit einem Rutschblocktest und am ungenauesten mit dem Kompressionstest (Winkler und Schweizer 2009). Der erweiterte Kompressionstest liegt bezüglich Zeitbedarf und Aussagekraft zwischen RB und CT.

2.8 Mechanische Eigenschaften von Schnee

Die unterschiedlichen Erscheinungsformen von Schnee zeigen teilweise sehr unterschiedliches Verhalten. Schwimmschnee ist ein kohäsionsloses Material und am ehesten mit Sand zu vergleichen, mit der zusätzlichen Schwierigkeit, dass die Becherkristalle sehr zerbrechlich sind. Eingeschneiter Oberflächenreif bildet eine fra-

---

[6] *Compression Test*

[7] *Extended Column Test*

(a) Durchführung   (b) Resultat

Abb. 2.21 Kompressionstest (CT) (Bilder: P. Nairz).

Abb. 2.22 Erweiterter Kompressionstest (ECT) (Bild: P. Nairz).

gile Lamellenstruktur. Neuschnee ist meist gut verzahnt und hat deshalb auch eine Kohäsion, welche beim Übergang zum filzigen Schnee teilweise verloren geht. Rundkörniger Altschnee mit Sinterbrücken zwischen den Körnern ist ein kohäsives Material. Kommt noch freies Wasser hinzu, treten Effekte wie in teilgesättigten Böden auf, wie z.B. eine scheinbare Kohäsion. Das mechanische Verhalten ist also stark von der Mikrostruktur (Kornform und Anordnung sowie allfälliger Bindungen zwischen den Körnern) abhängig (Shapiro et al. 1997). So ist z.B. die Zugfestigkeit von leicht gesetztem rundkörnigem Schnee etwa doppelt so hoch wie die von kantigkörnigem Schnee gleicher Dichte (Jamieson und Johnston 1990). Die mechanischen Eigenschaften werden in Datenzusammenstellungen aber meist in Abhängigkeit der Schneedichte angegeben. Die Anzahl der Kontaktstellen zwischen den Körnern, als einer der entscheidenden Mikrostrukturparameter, hängt indirekt mit der Dichte zusammen. Somit ist die Darstellung der Eigenschaften in Abhängigkeit der Dichteabhängigkeit teilweise gerechtfertigt. Bei allen Zusammenstellungen von Daten ist deshalb zu hinterfragen, ob zumindest die gleiche Schneeart gemeint ist. Allerdings beeinflusst Sinterung die Eigenschaften von feinkörnigem Altschnee, z.B. die Festigkeit, bei gleichbleibender Schneedichte sehr stark. Hier versagt die reine Angabe der Dichte als Parameter.

Schnee verhält sich qualitativ wie Eis, d.h. er kriecht für langsame Belastungen (duktil) und bricht (spröd) für schnelle. Im Gegensatz zu Eis verhält sich Schnee im einaxialen Zugversuch bereits im duktilen Bereich anders als im Druckversuch.

2.8.1 Einaxialer Zugversuch

Kraftgesteuerte Versuche: Bei konstanter Zugspannung kriecht lockerer Schnee weitaus schneller als dichter Schnee, Abb. 2.23. Der lockere Schnee der Versuche von Haefeli (1939) stammt aus einer oberen Lage einer Schneedecke und ist jünger, der dichtere aus einer tieferen Lage und ist älter.

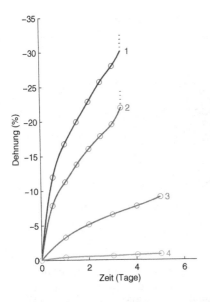

σ = 5 kPa
Kurve 1: Schneealter 3 Tage, Dichte 167 kg/m³
Kurve 2: Schneealter 5 Tage, Dichte 248 kg/m³
Kurve 3: Schneealter 15 Tage, Dichte 300 kg/m³
Kurve 4: Schneealter 65 Tage, Dichte 442 kg/m³

Abb. 2.23 Einaxiale Zugversuche an Schnee (aus: Haefeli 1939).

Das Volumen der Probe bleibt während des Zugversuches annähernd konstant, es tritt eine Einschnürung auf. Ansonsten gilt wie für Eis: für steigende Temperaturen und steigende Spannungen steigt die Kriechrate.

Sind die Spannungen hoch genug, dann kommt es zum Sprödbruch. Bei in-situ Zugversuchen von Jamieson und Johnston (1990) sinkt die Bruchspannung deutlich mit zunehmender Belastungsgeschwindigkeit.

Weggesteuerte Versuche: In weggesteuerten einaxialen Zugversuchen zeigt feinkörniger Altschnee mit Dichten von 240 bis 470 kg/m³ je nach Verzerrungsraten duktiles, duktil-sprödes oder rein sprödes Verhalten (Narita 1980). Das Verhalten ist qualitativ ähnlich zum Verhalten von Eis in weggesteuerten einaxialen Druckversuchen, vgl. Abb. 1.41 auf S. 35, lediglich der Abfall der maximalen Spannung im spröden Bereich ist deutlich höher, Abb. 2.24.

Für Dichten kleiner als ca. 300 kg/m³ ist das Verhalten für Verzerrungsraten ungefähr kleiner als 10^{-6} s^{-1} rein duktil, d.h. es treten keine Risse auf. Bei höheren

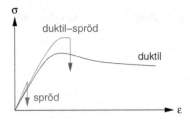

Abb. 2.24 Qualitatives Spannungs-Dehnungs-Diagramm aus weggesteuerten einaxialen Zugversuchen: für langsame Dehnungsgeschwindigkeiten folgt duktiles Verhalten, für schnelle sprödes Verhalten, der Übergang liegt bei bei ca. $10^{-4} \mathrm{s}^{-1}$.

Verzerrungsraten, bilden sich Risse, die aber unter ca. $5 \cdot 10^{-5}$ s^{-1} nicht besonders anwachsen. Verformungen bis über 15% sind ohne Bruch bei sich reduzierender Axialspannung möglich. Spannungsdehnungskurven zeigen einen Peak. Zwischen ca. $5 \cdot 10^{-5}$ s^{-1} und $10^{-4}\mathrm{s}^{-1}$ wachsen einige Initialrisse an und die Proben brechen etwas nach dem Spannungspeak (duktil-spröd). Für Verzerrungsraten ungefähr größer als $10^{-4}\mathrm{s}^{-1}$ bricht der feinkörnige Altschnee nach fast linearem Spannungsanstieg spröde. (Narita 1980)

Risse treten bei 10^{-6} s^{-1} ab ca. 13% Dehnung ab ca. 10^{-4} s^{-1} bereits bei 1-3% auf. Zwischen 10^{-6} s^{-1} und 10^{-4} s^{-1} sinkt die Dehnung, ab der erste Risse auftreten, in etwa linear.

Am Übergang zwischen duktil-sprödem und sprödem Verhalten bei der kritischen Dehnungsrate 10^{-4} s^{-1} ist die Bruchspannung maximal. Für schnellere Verzerrungsraten sinkt die Bruchspannung stark. Die Bruchspannung im spröden Bereich ist bis zu 1/10 der maximalen Fließspannung im duktilen bzw. duktil-spröden Bereich. Hier besteht ein Unterschied zu Eis, bei dem die Bruchspannung im spröden Bereich für Zugversuche praktisch nicht von der Verzerrungsgeschwindigkeit abhängt.

Scapozza (2004) bestätigt die kritische Dehnungsrate 10^{-4} s^{-1}. Er stellt im duktilen Bereich für Dehnungsraten kleiner als 10^{-6} s^{-1} eine unerwartete Verdichtung der Proben fest, welche wie in den Druckversuchen zu einer Verfestigung nach Erreichen der Fließspannung führt, vgl. Abb. 2.27.

2.8.2 Einaxialer Druckversuch

Kraftgesteuerte Versuche: Im kraftgesteuerten einaxialen Druckversuch wird die Verformung der Probe bei einer konstanten Vertikalbelastung beobachtet. In einem Versuch mit unbehinderter Querdehnung (Abb. 2.26) nimmt das Volumen der Probe ab. Schnee kriecht also nicht volumenkonstant wie Eis. Zug- und Druckversuche von Haefeli (1939) an der gleichen Schneeart mit gleicher Dichte (Abb. 2.25) zeigen bei gleicher Spannung im Druckversuch im Mittel doppelt so hohe Kriechraten wie im Zugversuch!

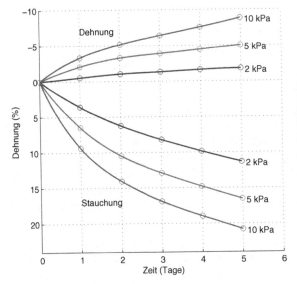

Abb. 2.26 Einaxialer Druckversuch (aus: Haefeli 1939).

Abb. 2.25 Einaxiale Druck- und Zugversuche an derselben Schneeart, σ in kPa (nach: Haefeli 1939).

Scapozza (2004) stellt fest, dass es schwierig ist, die minimale Kriechrate des sekundären Kriechens zu messen, da die Kriechrate durch die Verdichtung der Probe beständig abnimmt. Ab einem bestimmten Zeitpunkt nimmt die Stauchungsrate linear mit der Zeit ab. Die Stauchungsrate am Beginn dieser linearen Abnahme definiert er als minimale Kriechrate $\dot{\varepsilon}_{min}$. Die so ermittelte minimale Kriechrate ist größer als die Stauchungsrate weggesteuerter Versuche, welche eine Fließspannung gleich der Spannung des kraftgesteuerten Versuches erzeugt.

Weggesteuerte Versuche: In weggesteuerten einaxialen Druckversuchen von Scapozza (2004) an feinem rundkörnigem Schnee steigt bei kleinen Verzerrungsraten (duktiler Bereich) die Nominalspannung[8] (Spannung bezogen auf Probendurchmesser beim Einbau) zunächst an, erreicht dann fast ein Plateau und steigt danach wieder, Abb. 2.27. Proben aus frisch abgelagertem Neuschnee (Desrues et al. 1980) und trockenem, natürlichem Altschnee (Lang und Harrison 1995) zeigen in Triaxialversuchen ebenfalls ein Verhalten wie in Abb. 2.27. Lang und Harrison (1995) zeigen Kurven für die Nominalspannung – Abb. 2.27: durchgezeichnete Linie – und die wahre Spannung oder Chauchy Spannung (Spannung bezogen auf den durch die

---

[8] Persönliche Mitteilung von C. Scappozza im Jänner 2010.

Stauchung veränderten Durchmesser) – Abb. 2.27: strichlierte Linie. Desrues et al. (1980) geben nicht an, welche Spannung sie meinen.

Scapozza (2004) betrachtet den Tangentenmodul $E_t = \partial\sigma/\partial\varepsilon$. Dieser sinkt während des Versuches auf ein Minimum nahe Null. Bei diesem Minimum definiert Scapozza (2004) die Fließspannung σ_Y. Der Zuwachs $\Delta\sigma$ wird als Verfestigung aufgrund der Verdichtung der Probe interpretiert. Die Fließspannung steigt mit zunehmender Verformungsrate, steigender Dichte und sinkender Temperatur. Die Verfestigung ist praktisch kaum von der Temperatur und der Verzerrungsrate abhängig, dafür aber stark von einer Verdichtung.

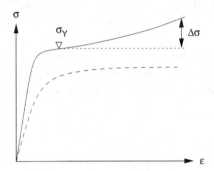

Abb. 2.27 Qualitatives Spannungs-Stauchungs-Diagramm aus weggesteuerten einaxialen Druckversuchen im duktilen Bereich. Die durchgezeichnete Linie ist die Nominalspannung, die strichlierte Linie ist die Chauchy Spannung. Die Fließspannung σ_Y ist bei $\min(\partial\sigma/\partial\varepsilon)$ definiert.

Der Übergang von duktilem zu sprödem Verhalten tritt bei einer Stauchungsrate von ca. 10^{-3} s^{-1} auf. Dichte Proben brechen unter Ausbildung von unter 45 Grad geneigten Scherfugen. Die Bruchspannung sinkt mit zunehmender Dehnungsrate.

Weggesteuerte Zug- und Druckversuche an gleichen Schneeproben zeigen bei Scapozza (2004) im duktilen Bereich praktisch gleiche Fließspannungen für gleiche Verzerrungsraten.

Setzung von Schnee: Die Setzung einer unendlich ausgedehnten ebenen Schneedecke entspricht einem eindimensionalen Kompressionsversuch mit behinderter Seitendehnung (Ödometerversuch). Da das Volumen von Schnee im Gegensatz zu Eis bei kompressivem Kriechen abnimmt, kann sich die Schneedecke mit der Zeit setzen. Die Volumenänderung reduziert den Porenanteil, der Eisanteil bleibt konstant. Die Dichte des Schnees nimmt also während der Setzung zu. Theoretisch endet die Kriechsetzung, wenn aus dem Schnee porenfreies Eis geworden ist.

Es übertragen sich die Effekte aus den eindimensionalen Versuchen: je dichter und je kälter der Schnee, umso langsamer setzt er sich.

2.8.3 Scherversuche

In weggesteuerten Einfachscherversuchen (simple-shear) von Schweizer (1998) zeigt Schnee qualitativ das gleiche Verhalten wie in Zugversuchen, Abb. 2.24. Der Übergang von duktil zu spröd erfolgt aber bereits bei 10^{-3} s^{-1}. Die Bruchspannung bei Sprödbruch ist ca. 1/10 der maximalen duktilen Fließspannung.

Bei weggesteuerten Scherversuchen von Fukuzawa und Narita (1993) (in Salm 1995) an einer Schicht aus Schwimmschnee zwischen zwei Schichten aus dichtem, feinem rundkörnigem Schnee ohne Auflast ist der Übergang zwischen duktil zu spröd wieder bei ca. 10^{-4} s^{-1}. Die Scherspannung sinkt beim Übergang auf ca. den halben Wert und ist im spröden Bereich praktisch unabhängig von der Verformungsrate.

Vorläufige Ergebnisse von kraftgesteuerten Scherversuchen an Zwischenlagen aus Schwimmschnee (Reiweger und Schweizer 2008) zeigen einen deutlichen Abfall der Bruchspannung bei zunehmender Belastungsgeschwindigkeit.

2.8.4 Triaxialversuche

Für feinen rundkörnigen Schnee mit Dichten zwischen ca. 200 bis 400 kg/m^3 folgert Scapozza (2004) aus seinen triaxialen Druckversuchen bei Seitenspannungen zwischen 1 und 40 kPa:

- Die Fließspannung (Abb. 2.27) in weggesteuerten Versuchen hängt fast nicht von der Seitenspannung ab, solange keine maßgebende Verdichtung vor Einsetzen des Fließens auftritt, das ist bei Proben mit Dichten über 270 kg/m^3.

- Die Verfestigungsspannung steigt mit zunehmender Seitenspannung.

- Die Kriechrate in kraftgesteuerten Versuchen nimmt mit steigender Seitenspannung leicht ab.

- Bei volumetrischen Dehnungen kleiner als 4% sind die Belastungsrichtungen im Schnee unabhängig.

2.9 Materialmodelle für Schnee

In der Modellierung des Materialverhaltens von Schnee werden zwei Wege beschritten (vgl. Scapozza 2004; Scapozza und Bartelt 2003):

Makrostrukturelle Materialmodelle: Schnee – als Mischung von Eis, Luft und eventuell Wasser – wird als „verschmiertes" Kontinuum betrachtet.

Mikrostrukturelle Materialmodelle: Die Mikrostruktur des Schnees wird explizit mittels sogenannter Mikrostrukturparameter modelliert. Dazu werden unter anderem die Anzahl der Bindungen pro Korn sowie deren Abmessungen betrachtet.

In *mikrostrukturellen Materialmodellen* werden die Mikrostrukturparameter als Zustandsvariabeln in einem kontinuumsmechanischen Modell über Entwicklungsgleichungen eingeführt (Bartelt und von Moos 2000; Hansen und Brown 1988; von Moos 2001), oder die äußeren Beanspruchungen werden auf Kontaktkräfte im Eisgerüst transformiert (Mahajan und Brown 1993; Nicot 2004; Nicot und Darve 2005). Über Materialmodelle für das Verhalten der Eiskörner sowie der Kontakt- und Bindungsstellen werden die Verschiebungen der Eiskörner ermittelt und wieder in kontinuumsmechanische Verzerrungen umgerechnet.

Die Bestimmung der mikrostrukturellen Parameter durch stereologische Analysen an Dünnschliffen ist aufwändig und schwierig. Zudem zeigt z.B. der wesentliche mikrostrukturelle Parameter im Modell von von Moos (2001) bei stereologischer Bestimmung andere Werte als er bei Kalibrierung an Triaxialversuchen annimmt.

Als *makrostrukturelle Materialmodelle* werden häufig ähnliche Modelle wie für Eis (Abschn. 1.5) verwendet. Dabei wird in der Regel die Dichteabhängigkeit des Materialverhaltens zusätzlich berücksichtigt. Es werden linear und nichtlinear elastische, linear und nichtlinear viskose sowie plastische Modelle bzw. Kombinationen davon verwendet.

Eindimensionale Modelle werden u.a vorgeschlagen von Bader (1962); de Quervain (1946); Mellor (1964); Salm (1975); Scapozza (2004); Scapozza und Bartelt (2003). Mehrdimensionale visko-elastische Modelle wurden von Desrues et al. (1980), Mishra und Mahajan (2004), Navarre et al. (2007) und Scapozza (2004) vorgeschlagen. Lang und Harrison (1995) präsentieren Ergebnisse von Triaxialversuchen als Critical-State und Virgin-State-Lines im Rahmen des Critical-State-Soil Konzeptes (Roscoe et al. 1958) ohne die Viskosität weiter zu beachten. Cresseri et al. (2010); Cresseri und Jommi (2005) propagieren ein elasto-visko-plastisches Modell auf Basis des Cam-Clay Modells (Roscoe und Burland 1968), worin die Viskosität mit einem Überspannungsmodell nach Perzyna (1963) in Abhängigkeit des Abstandes der Spannung von der Fließfläche eingeführt wird. Die zeitliche Entwicklung der Versinterung wird als Verfestigung (Wachsen der Fließfläche) und das Brechen der Sinterbrücken zufolge der plastischen Verzerrungen als Entfestigung (Schrumpfen der Fließfläche) modelliert.

Mikrostrukturelle Materialmodelle sind eher kompliziert und zur Zeit noch nicht voll ausgereift (Shapiro et al. 1997). Makrostrukturelle Materialmodelle hingegen haben eine sehr viel längere Tradition und damit auch eine bessere experimentelle Basis.

Im Folgenden werden nur die einfachsten makrostrukturellen Materialmodelle vorgestellt.

2.9.1 Kurzzeitbeanspruchung

Für kurze schnelle Belastungen (Schwingungen, Schallausbreitung, Sprengungen, Stöße) bzw. am Beginn einer Belastung wird Schnee als elastisches Material betrachtet, zumindest bis zum Bruch.

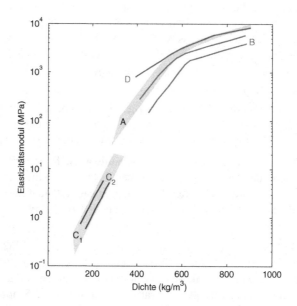

Abb. 2.28 Elastizitätsmodul von trockenem, kohäsivem Schnee (nach: Mellor 1975): A Wellenausbreitung -10°C bis -25°C; B einaxiale Druckversuche $\dot{\varepsilon} \approx 3 \cdot 10^{-3} \ldots 2 \cdot 10^{-2} \mathrm{s}^{-1}$, -25°C; C1 einaxiale Druck- und Zugversuche $\dot{\varepsilon} \approx 8 \cdot 10^{-6} \ldots 4 \cdot 10^{-4} \mathrm{s}^{-1}$, -12°C bis -25°C; C_2 Kriechversuche -6,5°C bis -19°C, D Wellenausbreitung 103 Hz, -14°C.

Der Elastizitätsmodul E steigt stark mit der Dichte des Schnees (Abb. 2.28), wobei die angegebenen Werte sehr stark streuen, z.B. findet sich in Mellor (1975) für lockeren Schnee ($\rho = 100 \ \mathrm{kg/m}^3$) $E \approx 0{,}2 \ldots 0{,}5$ MPa und für Eis ($\rho = 900 \ \mathrm{kg/m}^3$) $E \approx 4000 \ldots 10000$ MPa. Scapozza (2004) gibt eine Näherungsformel für den E-Modul von feinkörnigem Schnee (200 bis 450 kg/m³) an

$$E(\rho) \approx 0{,}1873 \cdot e^{0{,}0149 \cdot \rho} \ , \tag{2.8}$$

für die Dichte ρ in kg/m³ und E in MPa.

Die Querdehnzahl ν liegt mit entsprechender Streuung zwischen ca. 0,2 für mitteldichten Schnee (400 kg/m³) bis 0,4 für dichten (900 kg/m³) (vgl. Mellor 1975).

Schnee zeigt wie Eis auch verzögert elastisches Verhalten, welches nach Scapozza (2004) gut mit der empirischen Beziehung von Sinha (1978a) für Eis

$$\varepsilon_d = \left(\frac{\sigma_0}{E_0}\right)^s \frac{1}{K} \left(1 - e^{-(\alpha_T t)^n}\right), \tag{2.9}$$

beschrieben werden kann, vgl. (1.53) S. 26. Darin sind $\sigma_0/E_0 = \varepsilon_e$ (die elastische Verzerrung), α_T ein temperaturabhängiger Parameter und b, s sowie K temperaturunabhängige dimensionslose Parameter. Für feinen rundkörnigen Schnee mit ca. 370 kg/m³ ist $K = 0,5$, $s = 1$, $b = 0,4$ und $\alpha_t = 5,54$ für -3,7°C sowie $\alpha_t = 1,94$ für -11,3°C (vgl. Scapozza 2004, Tab. 5-2).

2.9.2 Langzeitbeanspruchung

Kleine Spannungen

In erster Näherung und für kleine Spannungen wird Schnee für Langzeitbeanspruchungen als linear viskos betrachtet. Oft wird damit argumentiert, dass die winterliche Schneedecke dünn sei und deswegen die Spannungen klein wären. Dies ist vor allem bei der Betrachtung von Bruchzuständen unzulässig, da hier Spannungsspitzen auftreten.

Die Viskosität hängt von der Temperatur ab und steigt stark mit der Dichte an. Die Bandbreite der in der Literatur (z.B. Mellor 1975) angegebenen Werte (Abb. 2.29) ist extrem (ein bis drei Zehnerpotenzen), zum Teil auch weil beträchtliche Temperaturbereiche angegeben werden.

Nach Haefeli (1966) (in Salm 1977) kann das viskose Analogon zur Querdehnzahl für Schneedichten 180 kN/m³ $< \rho_s <$ 740 kN/m³ zu

$$\nu_v \approx \frac{\rho_s/\rho_{\text{Eis}} - 0,1}{\rho_s/\rho_{\text{Eis}} + 0,9} \tag{2.10}$$

abgeschätzt werden ($\rho_{\text{Eis}} = 917$kg/m³). Eine Datenzusammenstellung von Mellor (1975) ist in Abb. 2.30 dargestellt.

Hohe Spannungen

Für höhere Spannungen wird Schnee nichtlinear viskos modelliert. Bis in die 70-iger Jahre wurde ein BURGER Modell mit linearen Elementen verwendet (de Quervain 1946), Abb. 2.31 (vgl. Abschn. 1.5.2, S. 24).

Für einen Spannungssprung von Null auf σ_0 entwickelt sich die Verzerrung

$$\varepsilon(t) = \sigma_0 \left[\frac{1}{E_1} + \frac{t}{\eta_{A,1}} + \frac{1}{E_2}\left(1 - e^{-\frac{E_2}{\eta_{A,2}}t}\right)\right]. \tag{2.11}$$

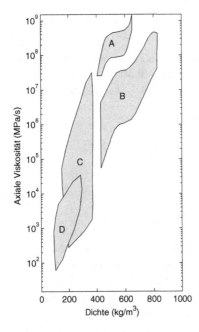

Abb. 2.29 Axiale Viskosität (siehe (1.33) S. 19), Datenzusammenstellung von Mellor (1975): A -48 bis -22°C (8 bis 50 kPa), B -35 bis -1°C (50 kPa), C -40 bis -1°C (1 bis 7 kPa), D -35 bis -1°C (nach: Shapiro et al. 1997, mit Änderungen).

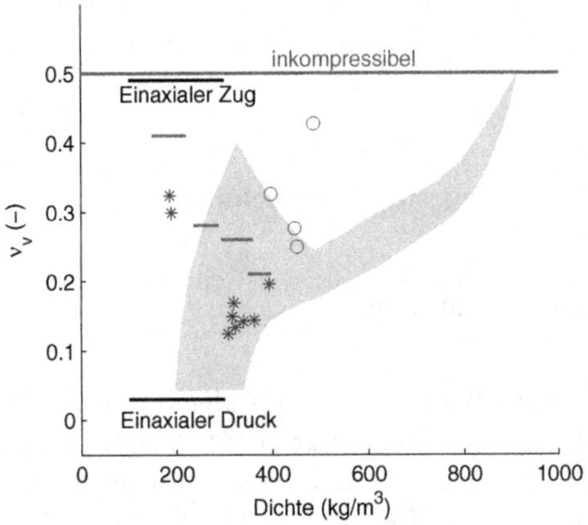

Abb. 2.30 Viskoses Analogon zur Querdehnzahl, Datenzusammenstellung von Mellor (1975) (nach: Shapiro et al. 1997, mit Änderungen).

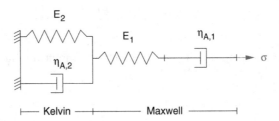

Abb. 2.31 BURGER Modell mit linearen Elementen.

Zur Beschreibung des sekundären Kriechens ist dieses Modell nicht geeignet. Bader (1962) schlägt die Verwendung des Sinus Hyperbolicus vor

$$\dot{\varepsilon} = \varepsilon_0 \sinh(A\sigma) \, . \tag{2.12}$$

Dies wird von Mellor (1964) leicht modifiziert

$$\dot{\varepsilon} = \frac{\sigma_0}{\eta_{A,0}} \sinh\left(\frac{\sigma}{\sigma_0}\right) \, . \tag{2.13}$$

Darin ist $\eta_{A,0}$ die sogenannte Anfangsviskosität und σ_0 die dazugehörige Bezugsspannung.

In Scapozza und Bartelt (2003) wird eine einfache Potenzbeziehung

$$\dot{\varepsilon} = A_0' \exp\left(-\frac{Q}{RT}\right) \sigma_Y^n \, , \tag{2.14}$$

für die Abhängigkeit der axialen Verzerrungsrate von der in Abb. 2.27 definierten axialen Fließspannung σ_Y vorgeschlagen. Darin ist n nicht von der Temperatur aber von der Dichte abhängig. Für lockeren Schnee (190 kg/m^3) ist $n = 1,8$ und für dichten (340 kg/m^3) ist $n = 3,6$.

Scapozza (2004) verwendet die Beziehung für polykristallines Eis von Barnes et al. (1971)

$$\dot{\varepsilon} = A_0' \exp\left(-\frac{Q}{RT}\right) [\sinh(\alpha\sigma_Y)]^n \, , \tag{2.15}$$

vgl. (1.78) auf S. 31. Er modelliert damit die Abhängigkeit der Verzerrungsrate (s^{-1}) von der in Abb. 2.27 definierten Fließspannung σ_Y (kPa) von Schnee und gibt Werte für die Aktivierungsenergie Q sowie die dichte- und temperaturabhängigen Materialparameter $A_0'(\rho)$, $\alpha(\rho)$ und $n(\rho, T)$ für feinen rundkörnigen Schnee (Dichte von 200 bis 430 kg/m^3) an:[9]

$$Q = 76 \text{ kJ/mol} \qquad \text{für} \qquad \vartheta < -10^\circ\text{C} \tag{2.16}$$

$$Q = (10,73 \cdot T - 2747) \text{ kJ/mol} \qquad \text{für} \qquad \vartheta \geq -10^\circ\text{C} \tag{2.17}$$

mit T der Temperatur in Kelvin;

$$\alpha = 2,83965 \cdot 10^9 \cdot \rho^{4,6267} \text{ kPa}^{-1} \, , \tag{2.18}$$

---

[9] Scapozza (2004) gibt für α die Regression $\alpha = 2,65489 \cdot 10^9 \cdot \rho^{-4,6497}$ an. Diese passt aber nicht zu den von ihm gezeigten Daten. Die hier angeführte Anpassung wurde von Amann (2012) durchgeführt.

$$n(\rho, T) = a\rho^2 + a\rho + c \tag{2.19}$$

$$a(T) = 7{,}204 \cdot 10^{-7} \cdot T^2 - 3{,}773 \cdot 10^{-4} \cdot T + 4{,}938 \cdot 10^{-2} \tag{2.20}$$

$$b(T) = -4{,}887 \cdot 10^{-4} \cdot T^2 + 2{,}563 \cdot 10^{-1} \cdot T - 3{,}359 \cdot 10^{1} \tag{2.21}$$

$$c(T) = 7{,}654 \cdot 10^{-2} \cdot T^2 - 4{,}022 \cdot 10^{1} \cdot T + 5{,}283 \cdot 10^{3} \tag{2.22}$$

mit ρ in kg/m^3;

$$A_0' = 1{,}479 \cdot 10^{15} \cdot \exp\left(1{,}707 \cdot 10^{-4} \cdot \rho^2 - 9{,}242 \cdot 10^{-2} \cdot \rho + 1{,}625\right) \text{s}^{-1}. \tag{2.23}$$

3D-Erweiterung: Scapozza (2004) hat in seinen Triaxialversuchen gezeigt, dass Schnee bei kleinen volumetrischen Dehnungen fast ohne Querdehnung kriecht: $\nu_v \approx 0$. Daraus folgert er, dass jedes Element des Verzerrungsratentensors ausschließlich vom entsprechenden Element des Spannungstensors abhängt

$$\dot{\varepsilon}_{ij} = A_0' \exp\left(-\frac{Q}{RT}\right) [\sinh(\alpha\sigma_{ij})]^n. \tag{2.24}$$

Bsp.: Setzung der Schneedecke

Die Vertikalspannnung in einer ebenen Schneedecke entsteht wie im Boden durch das Eigengewicht des jeweils darüberliegenden Schnees

$$\sigma_z(z) = \gamma_s(D - z), \tag{2.25}$$

mit der Wichte des Schnees $\gamma_s = g\rho_s$ und der vom Boden aus positiv nach oben definierten Koordinate z, Abb. 2.32.

Abb. 2.32 Unendlich ausgedehnte ebene Schneedecke.

Da der Schnee sich wegen der unendlichen Ausdehnung seitlich nicht bewegen kann,[10] ist die seitliche Dehnung behindert. Für behinderte Querdehnung ist die sogenannte Packungsviskosität (1.39) analog zum Steifemodul der Elastizitätstheorie (1.32) definiert

---

[10] Stellen wir uns dazu zwei benachbarte, aus der Schneedecke geschnittene Quadrate vor. Die beiden verhalten sich wegen der Unendlichkeit der Schneedecke völlig gleich, sie sind sozusagen vertauschbar. Wenn sich nun eine Quadrat bei einer vertikalen Zusammendrückung seitlich ausdehnen würde, müsste das auch das benachbarte tun. Deshalb sperren sich die beiden gegenseitig und eine horizontale Verformung ist nicht möglich.

$$\eta_c = \eta_A \frac{1 - v_v}{(1 + v_v)(1 - 2v_v)} \,. \tag{2.26}$$

Mit dieser ist die Vertikalverzerrungsrate in jeder Tiefe

$$\dot{\varepsilon}_z(z) = \frac{1}{\eta_c} \sigma_z(z) \,. \tag{2.27}$$

Unter der Annahme, dass η_c konstant über die Schneedecke ist, folgt mittels Integration[11] (vgl. (1.9)) und (2.25)

$$v_z(z) = \int_0^z \dot{\varepsilon}_z(\zeta)\, \mathrm{d}\zeta = \frac{\gamma_s}{\eta_c} \int_0^z (D - \zeta)\, \mathrm{d}\zeta = \frac{\gamma_s}{\eta_c} \left(zD - \frac{z^2}{2} \right) \tag{2.28}$$

eine parabolische Geschwindigkeitsverteilung in der Schneedecke, Abb. 2.33-1. Die Verteilung endet mit einem rechten Winkel zur Schneeoberfläche. Eine natürliche Schneedecke wird üblicherweise mit zunehmender Tiefe dichter und damit sollte auch die Packungsviskosität mit der Tiefe ansteigen. Wird obige Rechnung mit einer linear mit der Tiefe steigenden Packungsviskosität durchgeführt, folgt eine fast lineare Geschwindigkeitsverteilung über der Tiefe, Abb. 2.33-2.

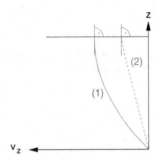

Abb. 2.33 Setzungsgeschwindigkeit $v_z(z)$ in einer unendlich ausgedehnten ebenen Schneedecke: (1) konstante Packungsviskosität η_c; (2) Packungsviskosität linear mit der Tiefe zunehmend.

Die Setzung der Schneedecke folgt aus

$$v_z(D) = -\frac{\mathrm{d}D}{\mathrm{d}t} \,. \tag{2.29}$$

Mit

$$v_z(D) = \frac{\gamma_s}{\eta_c} \frac{D^2}{2} \tag{2.30}$$

---

[11] Hier wird die Verzerrungsrate durch die Deformationsrate ersetzt:

$$\dot{\varepsilon}_z = \frac{\partial v_z}{\partial z} \,.$$

und $D(t = 0) = D_0$ folgt

$$-\int_{D_0}^{D} \frac{\mathrm{d}D}{D^2} = \int_{0}^{t} \frac{\gamma_s}{2\eta_c} \mathrm{d}t. \qquad (2.31)$$

Unter der (unrealistischen) Annahme, dass γ_s und η_c konstant bleiben, ist die zeitliche Änderung der Schneedicke

$$D(t) = \frac{D_0}{\frac{\gamma_s}{2\eta_c} D_0 t + 1}. \qquad (2.32)$$

Real steigt die Dichte durch die Setzung und damit auch die Packungsviskosität, vgl. Abb. 2.29. Dadurch läuft die Setzung langsamer ab als hier prognostiziert, Abb. 2.34.

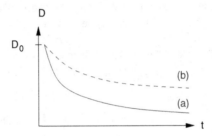

Abb. 2.34 Qualitative Setzung einer horizontalen Schneedecke (a) nach (2.32) und (b) realistischer wegen mit der Dichte steigender Packungsviskosität.

2.10 Der Kriechmesser

Schiebung oder Scherung und Gleiten: Schiebung bzw. Scherung bezeichnet eine Verformung unter Scherbeanspruchung, Abb. 2.35(a). Gleiten bezeichnet die Verschiebung eines Körpers auf einer Unterlage, Abb. 2.35(b).

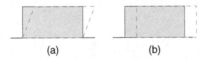

Abb. 2.35 (a) Schiebung oder Scherung; (b) Gleiten.

Beide Verformungen treten in einer geneigten Schneedecke auf. Im Folgenden wird die Schiebung näher betrachtet.

Simulation der Schiebung: Die Verhältnisse in einer geneigten Schneedecke können sehr gut mit einem Kriechmesser nachgestellt werden, Abb. 2.36. In diesem wird ein Schneeblock auf einer gezahnten Unterlage montiert und um den Winkel β geneigt. Es werden die Verformungen der Oberfläche parallel zur Unterlage und senkrecht dazu über die Zeit aufgezeichnet, Abb. 2.37.

Abb. 2.36 Der Kriechmesser (aus: Haefeli 1939).

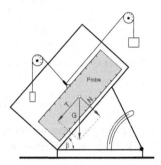

Abb. 2.37 Schema eines Kriechmessers (nach: Lackinger 2003).

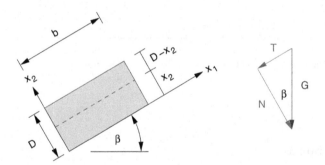

Abb. 2.38 Kriechmesser: Koordinaten und Kräfte.

Spannungen im Kriechmesser

Der über der Schnittebene in der Höhe x_2 (Abb. 2.38) liegende Schnee hat die Gewichtskraft pro Meter in x_3-Richtung

$$G = b(D - x_2)\gamma_s . \tag{2.33}$$

Die Komponenten parallel zur Oberfläche, T, und senkrecht dazu, N, sind

$$T = G \sin \beta \qquad\qquad (2.34)$$

$$N = G \cos \beta \,. \qquad\qquad (2.35)$$

Division durch die Schnittfläche $b \times 1$ ergibt die Normal- und Schubspannungen

$$\sigma_{22} = \frac{N}{b} = \gamma_s (D - x_2) \cos \beta \qquad\qquad (2.36)$$

$$\tau_{21} = \frac{T}{b} = \gamma_s (D - x_2) \sin \beta \,. \qquad\qquad (2.37)$$

Im Kriechmesser ist also das Verhältnis zwischen Normal- und Schubspannung

$$\frac{\tau_{21}}{\sigma_{22}} = \tan \beta \qquad\qquad (2.38)$$

durch den Neigungswinkel vorgegeben. Will man dieses Verhältnis frei einstellen, kann ein Scherapparat verwendet werden, Abb. 2.39.

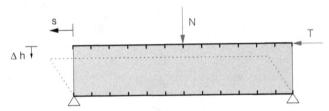

Abb. 2.39 Funktion eines Scherapparates: Aufbringen der Kräfte N und T, Messen der Verformungen s und Δh.

Der Kriechwinkel

Ein wesentliches Messergebnis ist der Kriechwinkel[12] κ. Er ist als Neigung des Geschwindigkeitsvektors eines Oberflächenpunktes zur Oberfläche definiert (Abb. 2.40-rechts)

$$\tan \kappa = \frac{v_2}{v_1} \,. \qquad\qquad (2.39)$$

Ist die Geschwindigkeit konstant über die Zeit, kann der Kriechwinkel auch aus der Verschiebung berechnet werden (Abb. 2.40-links)

$$\tan \kappa = \frac{u_2}{u_1} \,. \qquad\qquad (2.40)$$

---

[12] In der Bodenmechanik würde diese Größe als Dilatanzwinkel bezeichnet werden. Hier bleiben wir bei der eingebürgerten Bezeichnung als Kriechwinkel.

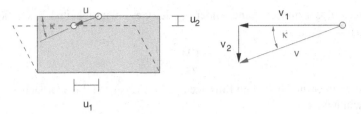

Abb. 2.40 Definition des Kriechwinkels κ.

Verformungen im Kriechmesser

Unter der Annahme eines Materialmodelles können die Verformungen im Kriechmesser und damit der Kriechwinkel berechnet werden, oder umgekehrt aus den
Messungen das Materialmodell kalibriert werden.

Für einen relativ dünnen homogenen Schneeblock auf einem Kriechmesser ist die
Annahme linearer Viskosität wegen des kleinen Spannungsbereiches näherungsweise gerechtfertigt. Die Viskosität ist konstant über die Tiefe, wenn die Probe homogen
ist.

Wegen der Festhaltung der Probe auf der Unterlage (Querrippen) kann sich der
Schnee in der Mitte des Kriechmessers schlecht zur Seite bewegen. Deshalb wird
hier wie bei der Setzungsberechnung (Abschn. 2.9.2) behinderte Querdehnung angenommen. Die Stauchungsrate der Zusammendrückung ist somit

$$\dot{\varepsilon}_2 = \frac{1}{\eta_c} \sigma_2 . \tag{2.41}$$

Integration[13] (vgl. (1.9)) über die Dicke und Einsetzen von (2.36) ergibt die Setzungsgeschwindigkeit

$$v_2 = \int_0^{x_2} \dot{\varepsilon}_2(\xi_2)\, d\xi_2 = \frac{\gamma_s}{\eta_c} \cos\beta \int_0^{x_2} (D - \xi_2)\, d\xi_2 . \tag{2.42}$$

Die Verzerrungsrate[14] der Schiebung ist allgemein

$$\dot{\gamma}_{21} = 2\dot{\varepsilon}_{21} = \frac{\partial v_1}{\partial x_2} + \frac{\partial v_2}{\partial x_1} . \tag{2.43}$$

---

[13] Hier wird die Verzerrungsrate durch die Deformationsrate ersetzt:

$$\dot{\varepsilon}_2 = \frac{\partial v_2}{\partial x_2} .$$

[14] Hier wird die Verzerrungsrate durch die Deformationsrate ersetzt.

Im Kriechmesser gibt es keine Änderung der Geschwindigkeiten in x_1-Richtung, damit ist $\frac{\partial v_2}{\partial x_1} = 0$ und

$$\dot{\gamma}_{21} = \frac{\partial v_1}{\partial x_2} = \frac{1}{\eta}\tau_{21}\,. \tag{2.44}$$

Integration über die Dicke und Einsetzen von (2.37) ergibt die oberflächenparallele Geschwindigkeit

$$v_1 = \int\limits_0^{x_2} \dot{\gamma}_{21}(\xi_2)\,\mathrm{d}\xi_2 = \frac{\gamma_s}{\eta}\sin\beta \int\limits_0^{x_2}(D-\xi_2)\,\mathrm{d}\xi_2\,. \tag{2.45}$$

Der Kriechwinkel (2.39) ist mit (2.45) und (2.45)

$$\tan\kappa = \frac{v_2}{v_1} = \frac{\eta}{\eta_c}\frac{\cos\beta}{\sin\beta}\,. \tag{2.46}$$

Das Verhältnis der Scherviskosität zur Packungsviskosität ist

$$\frac{\eta}{\eta_c} = \frac{1-2\nu_\nu}{2-2\nu_\nu}\,, \tag{2.47}$$

und der Kriechwinkel damit

$$\tan\kappa = \frac{1-2\nu_\nu}{2-2\nu_\nu}\cdot\frac{\cos\beta}{\sin\beta}\,. \tag{2.48}$$

Der Kriechwinkel ist also nicht von der Viskosität sondern nur von der Neigung und dem viskosen Analogon zur Querdehnzahl abhängig.

Für Eis ist $\nu_\nu = 0{,}5$ (inkompressibles Fließen) und damit $\kappa_{\mathrm{Eis}} = 0$. Das ist hangparalleles Kriechen ohne Setzung, was aus der Inkompressibilität von Eis für Kriechen auch direkt folgt.

Neuschnee kriecht annähernd querdehnungsfrei, d.h. $\nu_\nu = 0$. Damit ist z.B. für $\beta = 30°$ der Kriechwinkel $\kappa = 41°$. Es ist also ein deutlicher Setzungsanteil vorhanden. Für $\beta = 45°$ wird $\kappa = 27°$. Der Setzungsanteil reduziert sich wegen der größeren Neigung, da die Schubspannung im Verhältnis zur Normalspannung größer wird.

2.11 Festigkeit von Schnee

Schnee bricht im Zugversuch spröd, wenn die Verzerrungsraten ungefähr größer als 10^{-4} (Zug, Direktscherung) bis $10^{-3}\ \mathrm{s}^{-1}$ (Druck, Einfachscherung) ist. Die Festigkeit sinkt mit zunehmender Belastungsgeschwindigkeit sowohl bei weggesteuerten und kraftgesteuerten Versuchen. Das Material wird offensichtlich spröder, denn die Verzerrungen bis zum Bruch nehmen mit steigender Verzerrungsrate ab.

Die einaxialen Festigkeiten sind von der Dichte und der Struktur des Schnees (zumindest der Schneeart) abhängig. Als erste grobe Richtwerte können dienen (Abb. 2.41):

Einaxiale Druckfestigkeit: $\sigma_c = \beta_D \approx 2 \ldots 100$ kPa

Einaxiale Zugfestigkeit: $\sigma_t = \beta_Z \approx 0 \ldots 20$ kPa (Null z.B. für Schwimmschnee)

Jamieson und Johnston (1990) geben die Zugfestigkeit aus kraftgesteuerten in-situ Zugversuchen für Schichten aus leicht gesetztem trockenem rundkörnigen Schnee (100 bis 345 kg/m^3) mit

$$\sigma_t = 79{,}7 \cdot (\rho / \rho_{\text{Eis}})^{2,93} \quad (\text{kPa}) \tag{2.49}$$

und für Schichten aus vorwiegend trockenem kantigkörnigen Schnee (190 bis 260 kg/m^3) mit

$$\sigma_t = 58{,}3 \cdot (\rho / \rho_{\text{Eis}})^{2,65} \quad (\text{kPa}) \tag{2.50}$$

an. Die Belastung wurde dabei in weniger als 5 Sekunden aufgebracht.

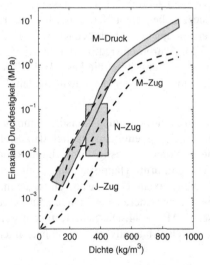

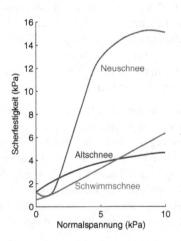

Abb. 2.41 Einaxiale Festigkeiten von trockenem kohärentem (gebundenem) Schnee von Mellor (1975) (M-Zug und M-Druck, $\dot{\varepsilon} = 10^{-4}$ bis 10^{-2} s^{-1}) ergänzt mit Zugfestigkeiten von Narita (1980) (N-Zug, $\dot{\varepsilon} > 5 \cdot 10^{-4}$s^{-1}) und einer Zusammenstellung von in-situ Zugfestigkeiten in Jamieson und Johnston (1990) (J-Zug); $\sigma_1 = \beta_{Z,D}$ (nach: Shapiro et al. 1997).

Abb. 2.42 Scherfestigkeit von Schnee bei -4°C aus kraftgesteuerten Scherversuchen von Haefeli (1939) mit $\dot{\tau} = 572$ Pa/s: Schwimmschnee $\rho = 350$ kg/m^3, rundkörniger Schnee ohne Bindung (desaggregierter Altschnee), leicht windgepackter Neuschnee $\rho = 190$ kg/m^3 (nach: Lackinger 2003).

Scherfestigkeit: Die Scherfestigkeit $\tau_f = \beta_s$ kann mit einem Feldrahmenschergerät oder im Labor mit einem Rahmenschergerät ermittelt werden, Abb. 2.43. Sie

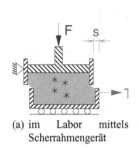

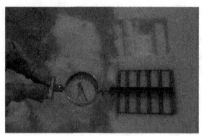

(a) im Labor mittels Scherrahmengerät

(b) im Feld mittels Feldrahmen (Bild: B. Lackinger)

Abb. 2.43 Ermittlung der Scherfestigkeit.

ist die in Versuchen mit Sprödbruch maximal auftretende Schubspannung ($\tau_f = \max(T/A)$, mit der Schubkraft T und der Querschnittsfläche A) und ist wie im Boden eine Funktion der Normalspannung ($\sigma = F/A$, Abb. 2.42). Interessant ist hier der Abfall der Scherfestigkeit bei Neuschnee. Unbelasteter Neuschnee hat eine relativ hohe Kohäsion aufgrund der guten Verzahnung der verästelten Kristalle. Diese Verzahnung wird bei geringer Auflast durch Strukturbrüche reduziert. Erst bei höheren Auflasten und der damit verbundenen Verdichtung steigt die Festigkeit wieder. Dieser Abfall der Festigkeit spiegelt sich in einer Erhöhung der Lawinengefahr bei Neuschneefall wieder.

Zusammenhang zwischen den Festigkeiten: In einem Spannungskreisdiagramm nach Mohr kann der Zusammenhang zwischen den Festigkeiten anschaulich dargestellt werden (vgl. Anhang A.2 auf S. 152). Die einaxiale Zugfestigkeit ist die maximale negative Hauptspannung, wenn die zweite und dritte Hauptspannung Null sind. Dies ergibt den linken Kreis in Abb. 2.44. Die einaxiale Druckfestigkeit ist die maximale positive Hauptspannung, wenn die beiden anderen Spannungen Null sind, und ist somit ein Punkt des rechten Kreises in Abb. 2.44. Die Scherfestigkeit stellt eine Umhüllende an alle Spannungskreise, welche Materialversagen kennzeichnen, dar.

Hat die mittlere Hauptspannung keinen Einfluss auf das Versagen (wie z.B. beim Mohr-Coulombschen Versagenskriterium), dann gilt die Darstellung in Abb. 2.44 sowohl für einen ebenen Spannungszustand als auch für einen ebenen Verformungszustand.

Einflussfaktoren auf die Festigkeit

Temperatur: Steigende Temperatur reduziert die Festigkeit.

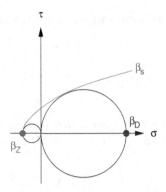

Abb. 2.44 Mohrsche Spannungskreise und Scherfestigkeiten: Einaxiale Druckfestigkeit $\sigma_c = \beta_D$; Einaxiale Zugfestigkeit: $\sigma_t = \beta_Z$; Scherfestigkeit $\tau_f = \beta_s$.

Dichte: Dichterer Schnee hat eine höhere Festigkeit als lockerer Schnee derselben Schneeart.

Metamorphose: Qualitativ ändert sich die Festigkeit durch die Umwandlung des Schnees wie in Abb. 2.45 dargestellt. Hier ist vor allem die Wirkung der Ver-

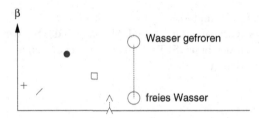

Abb. 2.45 Qualitative Änderung der Schneefestigkeit durch die Metamorphose.

sinterung zu beachten. So stieg z.B. die Scherfestigkeit des zunächst aus losen Körnern bestehenden Altschnees (Abb. 2.42) bei Lagerung im Labor unter Null Grad über 20 Stunden auf das 30-fache an (Haefeli 1939).

Belastungsgeschwindigkeit: Sowohl höhere Verzerrungsraten als auch höhere Belastungsraten vermindern die messbare Festigkeit in Zug- und Scherversuchen. Die Versuche lassen aber vermuten, dass ab einer bestimmten Grenze die Festigkeit nicht mehr weiter sinkt.

2.12 Spannungs- und Formänderungszustände in der Schneedecke

2.12.1 Horizontale Schneedecke

Die Vertikalspannung in der Tiefe t ergibt sich aus dem Eigengewicht der darüber liegenden N Schichten mit deren Wichten $\gamma_{s,i}$ und Dicken Δt_i

$$\sigma_z = \sum_{i=1}^{N} \gamma_{s,i} \Delta t_i . \qquad (2.51)$$

In einer horizontalen unendlichen Schneedecke sind die Schubspannungen Null. Die Horizontalspannung ergibt sich aus dem Ruhedruck

$$\sigma_x = \sigma_y = K_0 \sigma_z . \qquad (2.52)$$

Für linear viskosen Schnee gilt in völliger Analogie zur Elastizitätstheorie (1.30)

$$K_0 = \frac{v_v}{1 - v_v} . \qquad (2.53)$$

Für Neuschnee ist $v_v = 0$ und $K_0 = 0$. Für Eis ist $v_v = 0,5$ und $K_0 = 1$. Es herrscht also ein hydrostatischer Spannungszustand. Messungen des Schweizer Institutes für Schnee- und Lawinenforschung (SLF) in einer natürlichen Schneedecke haben Werte für den Ruhedruckbeiwert

$$K_0 \approx 0,2 \ldots 0,35 \qquad (2.54)$$

ergeben (de Quervain 1966).

2.12.2 Geneigte Schneedecke

Feldbeobachtungen

Haefeli (1939) hat Tischtennisbälle senkrecht übereinander in Schneedecken eingebaut[15]. Mehrere Tage nach dem Einbau wurden die Bälle freigelegt. Die Differenz der Positionen definieren die Verschiebungsvektoren der einzelnen Tischtennisbälle, Abb. 2.46-rechts. Die Auftragung dieser Vektoren über die Schneehöhe wird als *Kriechprofil* bezeichnet. Es zeigten sich überwiegend lineare Kriechprofile mit

---

[15] Dazu wurde ein Rohr mit verlorener Spitze mit Bällen und Sägespänen als Platzhalter zwischen den Bällen gefüllt, eingerammt und wieder gezogen.

annähernd parallelen Verschiebungsvektoren. Je steiler der Hang war, desto länger waren die Kriechvektoren.

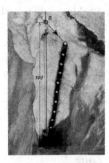

Abb. 2.46 Kriechprofile: Senkrecht übereinander eingebaute Tischtennisbälle – einige Tage nach dem Einbau freigelegt (aus: Haefeli 1939).

Daraus lassen sich einfache Überlegungen über den Spannungszustand in einer geneigten Schneedecke anstellen, Abb. 2.47. In einer Schneedecke konstanter Höhe in einem entsprechen langen gleichmäßig geneigten Hang treten kongruente[16] Kriechprofile auf. Solche Bereiche werden *Neutrale Zone* genannt.

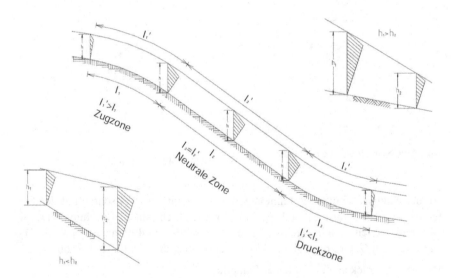

Abb. 2.47 Neutrale Zone sowie Zugzone und Druckzone infolge unterschiedlicher Kriechprofile bei verschiedener Hangneigung bzw. Schneehöhe (aus: Lackinger 2003).

---

[16] deckungsgleiche

Wird das Gelände nach unten hin flacher, so wird die Schneedecke wegen des lang-
sameren Kriechens im Flachen gestaucht ($l'_3 < l_3$ in Abb. 2.47), es entsteht eine
Druckzone. Die Schneedecke unterhalb einer Versteilung kriecht schneller als ober-
halb. Die Schneedecke wird gedehnt ($l'_1 > l_1$ in Abb. 2.47), und es entsteht eine
Zugzone. Eine Druckzone entsteht auch, wenn die Schneehöhe hangabwärts ab-
nimmt. Wegen der gleichen Hangneigung sind die Kriechprofile 1 und 2 bis zur
Höhe $h = h_2$ ident, Abb. 2.47 rechts oben. Das Kriechprofil 1 hat für $h > h_2$ dann
längere Verschiebungsvektoren als das Profil 2. Daraus resultiert eine Stauchung.
Umgekehrt entsteht eine Zugzone, wenn die Schneedicke hangabwärts zunimmt,
Abb. 2.47 links unten.

Eigengewichtsspannungen in der neutralen Zone

Wir gehen zunächst wie bei der Ermittlung des Rankineschen Spannungszustandes
in einem unendlich langen Hang vor (vgl. z.B. Kolymbas 2007). Dazu betrachten
wir eine vertikale Lamelle der Breite $b \cos \beta$ und der Tiefe t einer Schneedecke mit
konstanter Dicke auf einem um β geneigten Hang, Abb. 2.48. Da der Hang in der
x_3-Richtung unendlich ist, gilt ein ebener Verzerrungszustand.

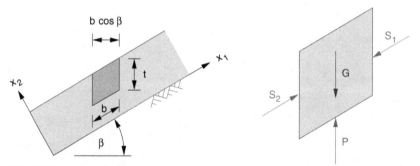

Abb. 2.48 Neutrale Zone einer Schneedecke.

Abb. 2.49 Kräfte an der Lamelle.

An der herausgeschnittenen Lamelle (Abb. 2.49) wirken zwei schräg auf den Sei-
ten angreifende Kräfte S_1 und S_2. In einer unendlich langen Böschung sind alle
Nachbarlamellen gleichberechtigt (also vertauschbar) und damit ist $S_1 \equiv S_2$. Das
Eigengewicht G wird deshalb direkt von der senkrechten Kraft P aufgenommen.

Der Vertikaldruck an der Sohle der Lamelle ist

$$p_v = \frac{P}{b} = \frac{G}{b} = \frac{\gamma_s t b \cos \beta}{b} = \gamma_s t \cos \beta. \qquad (2.55)$$

Dieser muss in einer unendlichen Böschung über die Sohle gleichverteilt sein, d.h.
G und P liegen auf derselben Wirkungslinie. Das Momentengleichgewicht fordert

damit, dass auch S_1 und S_2 auf derselben Wirkungslinie liegen und demnach nur böschungsparallel wirken können.

Dieser Druck kann in die Normalspannung σ_{22} und die Schubspannung τ_{21} aufgeteilt werden

$$\sigma_{22} = p_v \cos\beta = \gamma_s t \cos^2\beta \tag{2.56}$$

$$\tau_{21} = p_v \sin\beta = \gamma_s t \cos\beta \sin\beta . \tag{2.57}$$

Damit ist der Spannungszustand fast bekannt

$$\sigma = \begin{pmatrix} \sigma_{11} & \sigma_{12} \\ \sigma_{21} & \sigma_{22} \end{pmatrix} = \begin{pmatrix} \sigma_{11} = ? & \gamma_s t \cos\beta \sin\beta \\ \gamma_s t \cos\beta \sin\beta & \gamma_s t \cos^2\beta \end{pmatrix} . \tag{2.58}$$

Es fehlt lediglich die Spannung σ_{11} aus den Lamellenzwischenkräften S. Zur Ermittlung dieser fehlenden Spannung hat Haefeli (1939) eine kinematische Lösung vorgeschlagen.

Kinematische Lösung nach Haefeli

Haefeli (1939) hat aus seinen Messungen gefunden,

- dass die Kriechvektoren eines Kriechprofils annähernd parallel sind, d.h. alle Kriechgeschwindigkeiten sind parallel und um den Kriechwinkel κ zur Schneedecke geneigt.

- In der neutralen Zone sind alle Kriechprofile kongruent, d.h die Kriechgeschwindigkeiten hängen nicht von x_2 ab, Abb. 2.50.

Robert Haefeli (1898-1978) präsentierte mit seiner Dissertation an der ETH Zürich (1939) eine grundlegende Arbeit zur Schneeforschung. Er wird daher als Gründer der Schneemechanik angesehen. Nach ihm ist ein 10 km langer und 3 km breiter Gletscher in der Antarktis benannt.

Haefeli hat nun für einen aus Messungen bekannten Kriechwinkel κ den Spannungszustand in der kriechenden Schicht (Schneedecke) vollständig bestimmt. Er hat dazu auch die Linearität der Kriechprofile vorausgesetzt. Diese ist aber für die folgende Berechnung nicht notwendig. Die Kriechgeschwindigkeit kann einen beliebigen Verlauf über die Tiefe haben: $\mathbf{v}(x_2)$. Haefeli hat seine Lösung graphisch erarbeitet. Hier wird ein algebraischer Lösungsansatz vorgestellt.

Die Hauptrichtungen der Spannung und der Verzerrungsrate: Für ein viskoses[17] Material gilt, dass Schubspannungen Schubverzerrungsraten hervorrufen. Haupt-

---

[17] Für diese Ableitung ist eine Einschränkung auf lineare Viskosität nicht notwendig.

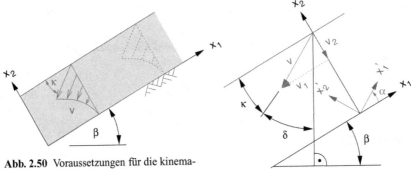

Abb. 2.50 Voraussetzungen für die kinematische Lösung.

Abb. 2.51 Winkeldefinitionen.

spannungsrichtungen sind schubspannungsfrei und für ein viskoses Material folglich auch schubverzerrungsratenfrei. Die Hauptrichtungen des Spannungstensors und des Deformationsratentensors sind also gleich, d.h. σ_b und $\mathbf{D}$ sind koaxial.[18]

Das Geschwindigkeitsfeld[19] ist (Abb. 2.51):

$$\mathbf{v} = \begin{pmatrix} v_1 \\ v_2 \end{pmatrix} = \mathbf{v}_0 f(x_2) = \begin{pmatrix} \sin(\delta + \beta) \\ \cos(\delta + \beta) \end{pmatrix} f(x_2). \qquad (2.59)$$

Darin ist f eine beliebige skalare Funktion von x_2, welche die Größe der Geschwindigkeit in jeder Tiefe angibt. Die Richtung der Geschwindigkeitsvektoren ist durch den Winkel $\delta = \pi/2 - \beta - \kappa$ gegeben und wird als Vektor $\mathbf{v}_0$, mit $|\mathbf{v}_0| = 1$, eingeführt.

Der Deformationsratentensor $\mathbf{D}$ ist allgemein

$$D_{ij} = \frac{1}{2} \left(\frac{\partial v_j}{\partial x_i} + \frac{\partial v_i}{\partial x_j} \right). \qquad (2.60)$$

(2.59) folgt

$$\mathbf{D} = \frac{\partial f(x_2)}{\partial x_2} \begin{pmatrix} 0 & \frac{1}{2}\sin(\delta + \beta) \\ \frac{1}{2}\sin(\delta + \beta) & \cos(\delta + \beta) \end{pmatrix}. \qquad (2.61)$$

Die Eigenvektoren dieses Tensors sind die gesuchten Hauptrichtungen. Dazu wird der Deformationsratentensor mit

$$\mathbf{Q} = \begin{pmatrix} \cos\alpha & \sin\alpha \\ -\sin\alpha & \cos\alpha \end{pmatrix} \qquad (2.62)$$

in ein gedrehtes Koordinatensystem $\mathbf{x}'$ transformiert (x_1', x_2' in Abb. 2.51)

[18] Das ist völlig analog zur Elastizitätstheorie, in der Hauptspannungsrichtungen und Hauptverzerrungsrichtungen zusammenfallen.

[19] Da Kompression als positiv definiert ist, sind Geschwindigkeiten entgegen der Koordinatenrichtung positiv.

$$\mathbf{D}' = \mathbf{Q}\mathbf{D}\mathbf{Q}^{\mathrm{T}}. \tag{2.63}$$

Die Koordinatenrichtungen x_1' und x_2' sind die Hauptrichtungen, wenn $D_{12}' = 0$ gilt. Diese Bedingung ergibt

$$\alpha = \frac{1}{2}\left(\pi - (\delta + \beta)\right) = \frac{1}{2}\left(\frac{\pi}{2} + \kappa\right). \tag{2.64}$$

Für diesen Winkel gilt auch $D_{11}' \geq D_{22}'$.

Die Hauptspannungen: Nun sind die Normalspannung und die Schubspannung in einer Ebene normal zu x_2 (2.56) sowie die Hauptrichtungen (2.64) bekannt. Aus

$$\begin{pmatrix} \sigma_{11}' & 0 \\ 0 & \sigma_{22}' \end{pmatrix} = \sigma' = \mathbf{Q}\sigma\mathbf{Q}^{\mathrm{T}} = \mathbf{Q}\begin{pmatrix} \sigma_{11} & \gamma_s t \cos\beta\sin\beta \\ \gamma_s t \cos\beta\sin\beta & \gamma_s t \cos^2\beta \end{pmatrix}\mathbf{Q}^{\mathrm{T}} \tag{2.65}$$

folgen drei Gleichungen für die drei Unbekannten $\sigma_{11}' =: \sigma_I, \sigma_{22}' =: \sigma_{III}$ und σ_{11}. Die Hauptspannungen ergeben sich daraus zu

$$\sigma_I = \frac{\gamma_s t}{2}\frac{\sin(\delta + \beta) + \sin(\delta - \beta) + \sin 2\beta}{\sin(\delta + \beta)} \tag{2.66}$$

$$\sigma_{III} = \frac{\gamma_s t}{2}\frac{\sin(\delta + \beta) + \sin(\delta - \beta) - \sin 2\beta}{\sin(\delta + \beta)}, \tag{2.67}$$

vgl. auch graphische Lösung von Körner (1969).

Der Spannungszustand im ursprünglichen Koordinatensystem ist

$$\sigma = \mathbf{Q}^{\mathrm{T}}\sigma'\mathbf{Q} \tag{2.68}$$

und damit die noch unbekannte Normalspannung

$$\sigma_{11} = \sigma_I\cos^2\alpha + \sigma_{III}\sin^2\alpha. \tag{2.69}$$

Beispiel: Betrachten wir eine $t = 2$ m tiefe Neuschneeschicht ($\gamma_s \approx 1$ kN/m^3) auf einem um $\beta = 30°$ geneigten Hang. Neuschnee kriecht querdehnungsfrei, $\nu_v = 0$, und aus den Überlegungen des Kriechmessers (2.46) folgt der Kriechwinkel $\kappa = 41°$. Nach (2.64) ist $\alpha = 65{,}5°$ und die Hauptspannungen am Boden der Schneeschicht sind laut (2.66) und (2.67)

$$\sigma_I = +1{,}9 \text{ kPa} \tag{2.70}$$

$$\sigma_{III} = -0{,}4 \text{ kPa}. \tag{2.71}$$

Es treten *Zugspannungen* auf!

Wird die Neuschneeschicht theoretisch durch Setzung zu Eis mit $\gamma \approx 10$ kN/m^3, ist diese massengleiche Eisschicht lediglich $t = 0{,}2$ m tief. Eis kriecht hangparallel: $\kappa = 0°$. Mit $\alpha = 45°$ werden die Hauptspannungen am Boden der Eisschicht zu

$$\sigma_I = 2{,}4 \text{ kPa} \tag{2.72}$$

$$\sigma_{III} = 0{,}6 \text{ kPa}. \tag{2.73}$$

Durch die Kriechsetzungen werden also die im Neuschnee vorhandenen Zugspannungen abgebaut und die Lawinengefahr reduziert. Diese Spanungsänderungen hat Haefeli (1939) *Spannungsmetamorphose* genannt.

Der volle Spannungstensor Der volle Spannungstensor lässt sich aus Überlegungen zu den Randbedingungen finden. Wegen des ebenen Verformungszustandes verschwinden die Deformationsraten quer zum Hang: $D_{33} = 0$, $D_{13} = D_{23} = 0$. Damit gilt $\sigma_{13} = \sigma_{23} = 0$. In Richtung des Hanges (x_1) ist wegen der unendlichen Ausdehnung $D_{11} = 0$. Die Normalverzerrung ist also sowohl quer zum Hang als auch in Richtung des Hanges behindert. Daraus folgt für ein isotropes Material $\sigma_{11} = \sigma_{33}$. Diese Spannung ist die noch fehlende Hauptspannung, da $\sigma_{13} = \sigma_{23} = 0$: $\sigma_{II} = \sigma_{11}$ liegt wegen (2.69) zwischen den zuvor ermittelten Hauptspannungen σ_I und σ_{III}.

2.13 Schneedruck

Der Schneedruck wirkt auf Bauwerke bzw. natürliche Hindernisse (z.B. Bäume) in der Schneedecke.

2.13.1 Horizontales Gelände

Die horizontale Spannung (2.52) einer horizontalen Schneedecke (Abschn. 2.12.1, S. 88) wirkt als Druck auf eine Wand

$$e_0 = K_0 \sigma_v = \frac{v_v}{1 - v_v} \sigma_v, \tag{2.74}$$

worin σ_v die in der jeweiligen Tiefe herrschende Vertikalspannung ist. Für eine homogene Schneedecke ist $\sigma_v = \gamma_s t$, mit der Tiefe t ab Schneeoberfläche.

2.13.2 Geneigtes Gelände

Zur Berechnung des Schneedruckes wird der Hang als ebenes Problem betrachtet, Abb. 2.52. Bei reinem Kriechen treten keine Beschleunigungen auf und es kann quasistatisches Gleichgewicht (vgl. Anhang A.1.3)

$$\frac{\partial \sigma_{11}}{\partial x_1} + \frac{\partial \sigma_{12}}{\partial x_2} = \rho g \sin \beta \qquad (2.75a)$$

$$\frac{\partial \sigma_{21}}{\partial x_1} + \frac{\partial \sigma_{22}}{\partial x_2} = \rho g \cos \beta \qquad (2.75b)$$

in der Schneedecke angesetzt werden. Das sind 2 Gleichungen für 3 Unbekannte ($\sigma_{11}, \sigma_{22}, \sigma_{12} = \sigma_{12}$). Zum Schließen dieses Gleichungssystems wird ein Materialmodell benötigt.

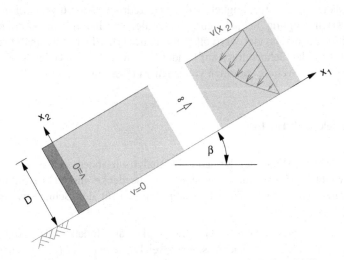

Abb. 2.52 Randbedingungen für die Kriechdruckberechnung nach Bucher (1948).

Als Materialmodell verwenden wir hier lineare Viskosität. Dabei wird angenommen dass keine Verformungen quer zum Hang auftreten: $v_3 = 0$. Für diesen ebenen Verzerrungszustand gilt lt. (1.38) und (1.37) (und Ersetzen der Verzerrungsrate durch die Deformationsrate)

$$\dot{\varepsilon}_{11} = \frac{\partial v_1}{\partial x_1} = \frac{1 - v_v^2}{\eta_a} \left(\sigma_{11} - \frac{v_v}{1 - v_v} \sigma_{22} \right) \qquad (2.76a)$$

$$\dot{\varepsilon}_{22} = \frac{\partial v_2}{\partial x_2} = \frac{1 - v_v^2}{\eta_a} \left(\sigma_{22} - \frac{v_v}{1 - v_v} \sigma_{11} \right) \qquad (2.76b)$$

$$\dot{\gamma}_{12} = \frac{\partial v_1}{\partial x_2} + \frac{\partial v_2}{\partial x_1} = \frac{1 - v_v^2}{\eta_a} \frac{2}{1 - v_v} \sigma_{12} = \frac{1}{\eta} \sigma_{12}. \qquad (2.76c)$$

Die 5 Gleichungen (2.75) und (2.76) bilden ein gekoppeltes Differentialgleichungssystem für die 5 Unbekannten $v_1, v_2, \sigma_{11}, \sigma_{22}$ und $\sigma_{12} = \sigma_{12}$. Diese können unter Festlegung der Randbedingungen berechnet werden: $v = 0$ am Boden und an der Wand, ein Rand geht gegen unendlich, Abb. 2.52.

Numerisch kann so ein Problem zum Beispiel mit Finiten-Elementen gelöst werden. Übliche Finite-Elemente-Programme haben aber oft das Materialmodell der linearen Viskosität nicht implementiert. Wegen der völligen Analogie von linearer Elastizität mit linearer Viskosität kann das Problem mit solchen Programmen trotzdem behandelt werden. Dazu wird linear elastisch gerechnet, statt dem E-Modul die axiale Viskosität eingegeben und statt der Querdehnzahl das viskose Analogon dazu. Aus einer Berechnung für kleine Verzerrungen erhalten wir Verschiebungen. Diese können als Momentangeschwindigkeiten interpretiert werden. Die Normalspannungen in x_1 Richtung an der Wand ist der gesuchte Schneedruck. Die Gültigkeit dieser Analogie wurde von Amann (2012) exemplarisch geprüft.

Zum Verständnis der Abhängigkeiten des Schneedruckes von diversen Eingabeparametern (Hangneigung, Schneedichte, Materialeigenschaften) sind allerdings analytische Lösungen sehr viel wertvoller als numerische. Der erste analytische Lösungsansatz für den Schneedruck auf Hindernisse im geneigten Gelände hat Haefeli (1939) erarbeitet. Weitere stammen von Bucher (1948) und Bader (1995).

Kriechdruck nach Bucher

Bucher (1948) berechnet den Kriechdruck analytisch, indem er das quasistatische Gleichgewicht (2.75) in einer homogenen Schneedecke ansetzt. Er nimmt einen ebenen Verzerrungszustand an. Als Materialmodell für den Schnee verwendet er lineare Viskosität (2.76).

Als Randbedingungen setzt er die Geschwindigkeit am Boden und am Hindernis zu Null, Abb. 2.52. Weiters vernachlässigt er zwei Terme in (2.76) (siehe Bader 1995):

- den Einfluss der hangnormalen Spannung σ_{22} auf die Änderung der hangparallelen Geschwindigkeit in Richtung des Hanges $\partial v_2/\partial x_1$, d.h. $\sigma_{22} = 0$ in (2.76a),

- die Änderung der hangnormalen Geschwindigkeit in Richtung des Hanges, d.h. $\partial v_1/\partial x_2 = 0$ in (2.76c).

Im Fernfeld (bergwärts, unendlich weit vom Hindernis weg; neutrale Zone) setzt er die mit dem linear viskosen Materialmodell kompatible parabelförmige Geschwindigkeitsverteilung an. Er findet eine analytische Lösung, indem er die Parabelfunktion durch eine Sinusfunktion ersetzt, und erhält für die Spannungsverteilung am Hindernis

$$\sigma_{11}(x_2) = -\gamma_s \sin\beta K \frac{\pi}{2D}\left(\frac{D^2}{2}\sin\frac{\pi x_2}{2D}\right) \quad \text{mit} \quad K = \sqrt{\frac{2}{1-\nu_v}} \quad (2.77)$$

$$\tau_{12}(x_2) = -\gamma_s \cos\beta \lambda \frac{\pi}{2D}\left(\frac{D^2}{2}\sin\frac{\pi x_2}{2D}\right) \quad \text{mit} \quad \lambda = \sqrt{\frac{1+2\nu_v}{2+2\nu_v}}. \quad (2.78)$$

Der Schneedruck ist also *keine Funktion der Viskosität*!

Integration über die Dicke liefert die Schneedruckkräfte (Abb. 2.53)

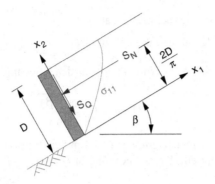

Abb. 2.53 Kriechdruck nach Bucher (1948): Normalspannung σ_{11} und resultierende Normalkraft S_N sowie die aus der Schubspannung resultierende Querkraft S_Q.

$$S_N = -\int_0^D \sigma_{11}\, dx_2 = \gamma_s K \frac{D^2}{2} \sin\beta \qquad (2.79)$$

$$S_Q = -\int_0^D \tau_{12}\, dx_2 = \gamma_s \lambda \frac{D^2}{2} \cos\beta \,. \qquad (2.80)$$

Diese Kräfte greifen im Schwerpunkt der Sinusfunktion $x_2 = 2D/\pi$ an, der ungefähr dem Schwerpunkt einer Parabel $2D/3$ entspricht. K und λ sind nach (2.77) und (2.78) Funktionen des viskosen Analogons zur Querdehnzahl. Diese ist wiederum näherungsweise als Funktion der Schneedichte (2.10) darstellbar. Damit ist der Schneedruck allgemein

$$S = f(\beta, D, \gamma_s) \qquad (2.81)$$

eine Funktion der Hangneigung, der Schneedicke und der Schneedichte.

Die Normalkomponente des Schneedrucks nach Bucher wird maximal für $\nu_v = 0{,}5$: $K = 2$ und $\lambda = 0$, also

$$S_N = \gamma_s D^2 \sin\beta \qquad (2.82)$$

$$S_Q = 0 \,. \qquad (2.83)$$

S_N entspricht der hangparallelen Komponente der Gewichtskraft eines Schneeblockes mit der Länge D.

Kriechdruck nach Haefeli

Haefeli (1939) berechnet den Schneedruck mit einigen ingenieurmäßigen Vereinfachungen unter den Annahmen

- lineare Kriechprofile ($\mathbf{v}(x_2)$ linear) mit um κ geneigte Kriechvektoren,

- $1/\eta$ nimmt linear mit der Schneetiefe ab,
- es gibt keine Querdehnung senkrecht zum Hang.

Er leitet die hangparallele Schneedruckkraft aus den Kriechprofilen her

$$S_N = \frac{1}{3}\gamma_s H^2 \cos\beta \sqrt{\frac{\sin(2\beta)}{\tan\kappa}}, \qquad (2.84)$$

die einen hangparallelen gleichverteilten Druck auf ein Bauwerk bewirkt, also in der halben Schneehöhe angreift. Die Schneehöhe ist $H = D/\cos\beta$ (vgl. Abschn. 2.7.1, S. 61).

Der Kriechwinkel hängt vom viskosen Analogon der Querdehnzahl ab, wie für den Kriechmesser gezeigt wurde. Einsetzen dieser Beziehung (2.48) in (2.84) ergibt

$$S_N = \frac{1}{3}\gamma_s H^2 \sin(2\beta)\sqrt{\frac{1-\nu_v}{1-2\nu_v}}. \qquad (2.85)$$

Die hangnormale Kraft wird über einen empirischen Beiwert a ermittelt (Salm 1977)

$$S_Q = S_N \frac{a}{\tan\beta}, \qquad (2.86)$$

wobei für dichten Schnee $a = 0,2$ und für lockeren Schnee $a = 0,5$ gesetzt wird.

Die Schneedrücke nach Haefeli sind höher als jene von Bucher. Die Abweichung nimmt mit steigender Hangneigung β zu (Lackinger 1991). Der Wurzelausdruck in (2.85) wird für Eis ($\nu_v = 0,5$ und damit $\kappa = 0$) unendlich[20], was deutlich die eingeschränkte Gültigkeit zeigt. Allerdings stimmen die Schneedruckwerte (2.85) nach Haefeli relativ gut mit Messungen überein (Salm 1977).

Kriechdruck nach Bader

Bader (1995) berechnet den Schneedruck analytisch mit denselben Randbedingungen wie Bucher und linearer Viskosität als Materialmodell für den Schnee, allerdings ohne dessen Näherungen. Er kommt deshalb ohne die von Bucher verwendeten Näherungen der Sinusfunktion aus. Seine Lösung ist nur numerisch zu berechnen und stimmt sehr gut mit anderen numerischen Simulationen (Finite-Elemente-Methode (FEM) und Randelementmethode (BEM)) überein. Berechnete Normalkräfte sind höher als jene der Näherungslösung nach Bucher. Der Spannungsverlauf an der Wand entspricht eher einer gleichmäßigen Verteilung als einer sinusförmigen, d.h. der Kraftangriffspunkt ist ca. in der halben Höhe.

---

[20] Im Gegensatz zur Lösung nach Bucher (2.79), die für $\nu_v = 0,5$ endliche Werte (2.82) liefert.

Gleitdruck

Gleiten bedeutet, dass die Geschwindigkeit der Schneedecke am Boden größer Null ist. Dies erhöht den Schneedruck im Vergleich zum reinen Kriechdruck.

Abb. 2.54 Kriechen und Gleiten.

Haefeli (1939) ermittelt den Erhöhungsfaktor zu

$$N = \sqrt{1 + 2\frac{v_{ox}}{v_{ux}}}, \qquad (2.87)$$

mit der hangparallelen Komponente der Geschwindigkeit an der Schneeoberfläche v_{ox} und am Boden v_{ux}, Abb. 2.54. Ohne Gleiten ist $v_{ux} = 0$ und $N = 1$. Der Schneedruck aus Kriechen und Gleiten ergibt sich durch Multiplikation des Kriechdruckes (2.85) mit N.

Schneedruck nach der Schweizer Richtlinie

Mehrjährige Schneedruckmessungen am Weissfluhjoch (Seehöhe 2680 m) von Kümmerli (1958) dienten als Basis für die Schweizer Richtlinie *Lawinenverbau im Anbruchgebiet* (vgl. Salm 1977). In der Richtlinie (Margreth 2007) wird die hangparallele Komponente des Kriech- und Gleitdruckes auf eine starre, senkrecht zum Hang stehende, unendlich breite Stützfläche als

$$S'_N = \rho_s g \frac{H^2}{2} KN \qquad (2.88)$$

angegeben, mit der Schneedichte ρ_s, der Erdbeschleunigung g, der Schneehöhe H, dem Kriechfaktor K und dem Gleitfaktor N.

Hier wird der Kriechdruck nach Haefeli (1939) verwendet, wobei der Kriechfaktor eine Zusammenfassung von Termen in (2.85) darstellt

$$\frac{K}{2} := \frac{1}{3}\sin(2\beta)\sqrt{\frac{1 - v_v}{1 - 2v_v}}. \qquad (2.89)$$

In (2.89) wird die Näherung für das viskose Analogon zur Querdehnzahl ν_ν über die Schneedichte (2.10) verwendet. Der Kriechfaktor wird in einer Tabelle in Abhängigkeit der Dichte angegeben:

ρ_s (t/m^3)	0,20 0,30 0,40 0,50 0,60
$K/\sin(2\beta)$	0,70 0,76 0,83 0,92 1,05

Der Kriechfaktor kann auch näherungsweise

$$K = (2{,}5 \cdot \rho_s^3 - 1{,}86 \cdot \rho_s^2 + 1{,}06 \cdot \rho_s + 0{,}54) \cdot \sin(2\beta) \quad , \quad \rho_s \text{ in t/m}^3 \qquad (2.90)$$

berechnet werden (Margreth et al. 2011). Die mittlere Schneedichte ρ_s kann in den Alpen auf 1500 m mit 0,27 t/m^3 angenommen werden. Zwischen 1500 und 3000 m kann mit einer Zunahme der Dichte von 2% je 100 m gerechnet werden.

Der Gleitfaktor N gibt die Erhöhung des Schneedruckes bei einer Gleitbewegung der Schneedecke auf dem Boden an und ist in Abhängigkeit der Bodenrauheit und der Hangexposition (Sonnenexposition) tabelliert. Er geht von $N = 1{,}2$ (z.B. grober Blockschutt, Nordhang) bis $N = 3{,}2$ (glatte, langhalmige, geschlossene Grasnarbe, Südhang).

Für den Schneedruck normal zum Hang wird

$$S'_Q = S'_N \frac{a}{N \tan \beta} \qquad (2.91)$$

angegeben ($a = 0$ für sehr dichten Altschnee und Eis; $a = 0{,}5$ für lockeren Neuschnee). Der Wert für a soll zwischen 0,35 und 0,5 variiert werden und der ungünstigste Fall berücksichtigt werden.

Im schneereichen Winter 1998/99 zeigten Messungen des Schweizer Instituts für Schnee- und Lawinenforschung (SLF) an mehreren Verbauungen in der Schweiz einen Schneedruck von ca. 87% des Bemessungsschneedruckes der Schweizer Richtlinie (Margreth et al. 2011).

> Das Eidgenössische Institut für Schnee- und Lawinenforschung (SLF) wurde 1942 gegründet, nachdem 1936 ein erstes Forschungslabor am Weissfluhjoch errichtet wurde. Das Institut ist seit 2008 Teil der Eidg. Forschungsanstalt für Wald, Schnee und Landschaft, heißt WSL-Institut für Schnee- und Lawinenforschung SLF und ist eines der wichtigsten Forschungszentren für Schnee und Lawinen in Europa.

Zuschläge: Für nicht senkrechte Bauwerke und für die Randbereiche eines Bauwerkes sind Zuschläge zu berücksichtigen.

Kapitel 3
Lawinen

3.1 Definitionen

Eine Lawine ist eine Massenbewegung aus Schnee. Sie entsteht im *Anbruchgebiet* oder *Abbruchgebiet*, fließt über die *Sturzbahn* und kommt im *Ablagerungsgebiet* zur Ruhe, Abb. 3.1.

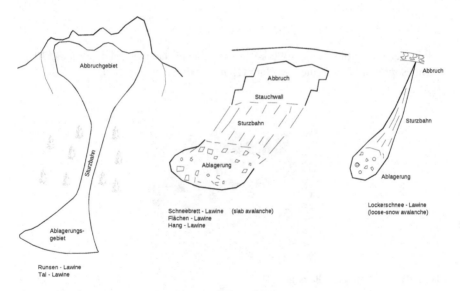

Abb. 3.1 Definitionen bei Lawinen (aus: Lackinger 2003).

Lawinen werden zur einfacheren und einheitlichen Ansprache klassifiziert, Tab. 3.1.

Zone	Kriterium	Alternative Merkmale: *Bezeichnung*	
Anbruchgebiet	Form des Anrisses (Abb. 3.1)	Von einem Punkt ausgehend: *Lockerschneelawine*	Von einer Linie anreißend: *Schneebrettlawine* (Abb 3.2)
	Lage der Gleitfläche	Innerhalb der Schneedecke: *Oberlawine*	Auf der Bodenoberfläche: *Grundlawine*
	Flüssiges Wasser im Lawinenschnee	Trocken: *Trockenschneelawine*	Nass: *Nassschneelawine*
Sturzbahn	Form der Sturzbahn	Flächig: *Flächenlawine* (Abb. 3.3(a))	Runsenförmig: *Runsenlawine* (kanalisierte Lawine)
	Form der Bewegung (Abb. 3.3(b))	Stiebend als Schneewolke durch die Luft: *Staublawine* (Abb. 3.4(b))	Fließend, dem Boden folgend: *Fließlawine* (Abb. 3.4(a))
		Gemischte Bewegungsform: *Mischlawine*	
Ablagerungsgebiet	Oberflächenrauheit der Ablagerung	Grob (über 0,3 m): *Grobe Ablagerung*	Fein (unter 0,3 m): *Feine Ablagerung*
	Flüssiges Wasser im Lawinenschnee	Trocken: *Trockene Ablagerung*	Nass: *Nasse Ablagerung*
	Fremdmaterial in der Ablagerung	Fehlend: *Reine Ablagerung*	Vorhanden (Steine, Erde, Äste, Bäume): *Gemischte Ablagerung*

Tabelle 3.1 Morphologische Lawinenklassifikation, vereinfacht in ONR 24805 (2010) nach Lawinen-Atlas (1981).

In Österreich gibt es ca. 18000 bekannte Schadenslawinenstriche und ca. 30 Todesopfer durch Lawinen pro Jahr (Rudolf-Miklau et al. 2011).

Abb. 3.2 Schneebrett (aus: Gleirscher 2011).

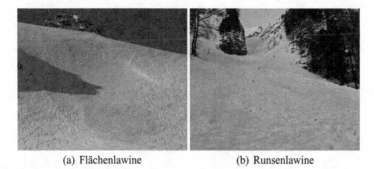

(a) Flächenlawine   (b) Runsenlawine

Abb. 3.3 Lawinenart nach Form der Sturzbahn (aus: Gleirscher 2011).

(a) Fließlawine   (b) Staublawine

Abb. 3.4 Lawinenarten nach Form der Bewegung (aus: Gleirscher 2011).

3.2 Lawinenanbruch

Der Vorgang eines Lawinenanbruches gehört zu den kompliziertesten mechanischen Prozessen in der Lawinendynamik. Ein Überblick über gängige Modelle zur Schneebrettauslösung geben Schweizer (1999); Schweizer et al. (2003). Mechanisch notwendig für einen Lawinenanbruch ist, dass der Spannungszustand die Festigkeit des Schnees erreicht. Dies ist typischerweise lokal an einzelnen Stellen einer Schwachschicht der Fall. Initialbrüche können Scherbrüche oder Kompressionsbrüche (verbunden mit einem typischen „Wumm"-Geräusch) sein. Können die in der versagenden Zone nicht mehr aufnehmbaren Spannungen nicht von anderen Regionen der Schneedecke übernommen werden, pflanzt sich der Bruch fort und führt schließlich bergwärts zu einem Zugbruch mit deutlich sichtbarer Rissbildung.

Anschaulich kann das lokale Erreichen der Festigkeit in einem Mohrschen Diagramm dargestellt werden. Spannungszustände mit Mohrschen Kreisen unterhalb der Scherfestigkeit β_s führen zu keinem Versagen. Ändert sich die Spannung oder die Scherfestigkeit so, dass sich der Spannungskreis und die Scherfestigkeitslinie berühren, tritt lokaler Bruch ein, Abb. 3.5.

Folgende Faktoren beeinflussen die Spannung und die Festigkeit:

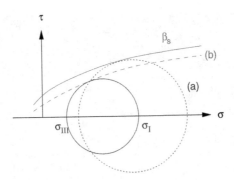

Abb. 3.5 Lokaler Scherbruch: (a) durch Spannungserhöhung in der Schwachschicht (z.B. ein Neuschneezuwachs ergibt eine multiplikative Erhöhung der Hauptspannungen, vgl. (2.66) und (2.67) mit verschiedenen Tiefen t) oder (b) Reduktion der Scherfestigkeit β_s der Schwachschicht.

Spannung: Die Spannungen werden erhöht durch

- Neuschneefall,
- Skifahrer,
- Pistengeräte,
- Sprengung.

Der Spannungszustand wird günstiger durch die Kriechsetzungen (Abbau von Zugspannungen, vgl. Abschn. 2.12.2).

Festigkeit: Die Festigkeit sinkt durch

- aufbauende Metamorphose,
- Strukturbrüche im Neuschnee,
- Erwärmung.

Die Festigkeit steigt durch

- abbauende Metamorphose (inkl. Versinterung),
- Setzungen (weil die Dichte steigt und damit in der Regel auch die Versinterung zunimmt).

3.3 Lawinenbildung

Unter Lawinenbildung werden die Faktoren und Vorgänge, welche zum Lawinenanbruch führen, verstanden (vgl. Gabl und Lackinger 2000, Kap. III.2):

1. Meteorologie:

Neuschnee: Viel Neuschnee in kurzer Zeit ist gefährlich, da dann die Verfestigung langsamer abläuft als die Spannungszunahme. Als grober Anhaltspunkt dient die Summe der Neuschneehöhen über 3 Tage, z.B. ist bis 30 cm Neuschnee in 3 Tagen von keiner Erhöhung der Lawinengefahr auszugehen und ab 120 cm in 3 Tagen von sehr großer allgemeiner Lawinengefahr.

Wind: Schneeverfrachtung kann zu beträchtlichen lokalen Erhöhungen der Neuschneehöhen führen. Aus verfrachtetem Schnee können sich Schneebretter bilden.

Energieeintrag: Steigende Temperatur führt zu einer Reduktion der Festigkeit. Hangparallel abfließendes Schmelzwasser belastet die Schneedecke mit einem Strömungsdruck und wirkt deshalb destabilisierend.

2. Gelände:

Hangneigung: Bei Hangneigungen unter ca. 20° entstehen nur sehr nasse Lawinen, bei über 60° treten sehr häufig Schneerutsche in kleinen Portionen auf. Lawinen sind daher eher selten. Schneebrettlawinen entstehen am ehesten bei Hangneigungen von 30° bis 40°.

Orientierung: Nord und Osthänge weisen oft einen schlechten Schneedeckenaufbau auf. Wichtig ist hier die Kombination mit der vorherrschenden Windrichtung.

Bodenbeschaffenheit: Hier sind die Rauheit der Bodenoberfläche und die Vegetation entscheidend, z.B sind Latschen eher ungünstig, weil sich Hohlräume bilden können und es zu einer vermehrten Schwimmschneebildung kommen kann.

Topographie: Änderungen der Hangneigung führen zu Veränderungen des Spannungszustandes (vgl. Abschn. 2.12.2): Zugzonen entstehen bei Versteilungen und bei in Kriechrichtung zunehmender Schneehöhe.

Alle Faktoren beeinflussen die Schneedecke (Menge und Qualität) und den mechanischen Zustand (Spannungen, Festigkeit), Abb.3.6.

3.4 Lawinendynamik

3.4.1 Bewegungsformen, beobachtete Lawinengeschwindigkeiten und Lawinenschneedichten

Lawinen stürzen je nach Schneeart und Topographie der Lawinenbahn in drei Bewegungsformen zu Tal (vgl. Gabl und Lackinger 2000; Lackinger 1991; Sauermoser et al. 2011):

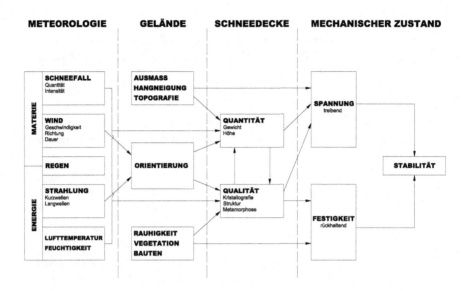

Abb. 3.6 Lawinenbildung: Faktoren und ihre Wechselwirkung; SHODA-Diagramm, nach LaChapelle (1980) (aus: Lackinger 2003).

Fließlawine: Die Lawine bewegt sich auf dem Boden oder auf einer Schneeoberfläche:

nasse Fließlawine: 10 bis 20 m/s, 300 bis 500 kg/m^3,
trockene Fließlawine: 20 bis 40 m/s, 50 bis 300 kg/m^3.

Typische Fließhöhen für Flächenlawinen liegen zwischen 1 und 3 m. Für Nassschneelawinen gibt es zur Zeit noch keine guten mechanischen Modelle.

Staublawine: Die Lawine bewegt sich als Mischung von Luft und Schneepartikeln (Schneestaubwolke) in der Luft (nur bei trockenem, sehr lockerem Schnee in der Lawinenbahn):

30 bis 100 m/s (vereinzelt 140 m/s), 2 bis 15 kg/m^3 (unten dichter).

Mischlawine, Staublawine mit Fließanteil: Die Lawine besteht aus einem Fließanteil, der sich am Boden bewegt, und einem Staubanteil, der darüber in der Luft stiebt, Abb. 3.7. Die beiden Teile stehen über eine Saltationsschicht in ausgeprägter Wechselwirkung miteinander:

20 bis 50 m/s, Staubschicht   3 bis 15 kg/m^3,
                       Saltationsschicht 10 bis 100 kg/m^3 (Höhe 2 bis 5 m).

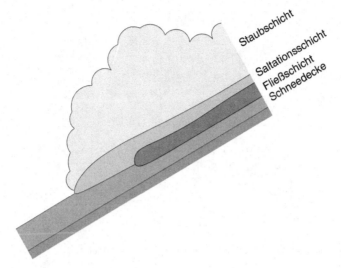

Abb. 3.7 Schematischer Aufbau einer Mischlawine.

3.4.2 Lawinenwirkung

Lawinen üben beträchtliche Kräfte auf an- bzw. umströmte Objekte aus. Folgende Stoßdrücke sind teils in Messungen beobachtet, meistens aber aus Schäden rückgerechnet worden (Lackinger 1991):

$$\begin{aligned} \text{häufig}\quad & 100 \text{ - } 200 \text{ kN/m}^2 \\ \text{selten}\quad & 500 \text{ - } 600 \text{ kN/m}^2 \\ \text{max}\quad & 1000 \text{ - } 2000 \text{ kN/m}^2 \end{aligned}$$

Zerstörungen treten beispielsweise auf bei (Gabl und Lackinger 2000):

$$\begin{aligned} \text{bis } 1 \text{ kN/m}^2 \quad & \text{Fenster} \\ \text{bis } 5 \text{ kN/m}^2 \quad & \text{Türen} \\ \text{bis } 30 \text{ kN/m}^2 \quad & \text{Gebäude (Holz, Ziegel)} \\ \text{bis } 100 \text{ kN/m}^2 \quad & \text{Bäume entwurzelt} \\ \text{bis } 1000 \text{ kN/m}^2 \quad & \text{Betonkonstruktion} \end{aligned}$$

Druck auf Ablenkbauwerke

Der Normaldruck auf ein Ablenkbauwerk (Abb. 3.8) kann für stationäre Verhältnisse näherungsweise aus dem Impulssatz berechnet werden, wobei der Lawinenschnee als inkompressibel angenommen wird. Dazu benötigen wir die Impulskraft

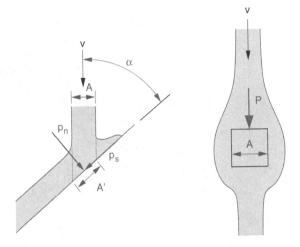

Abb. 3.8 Lawinendrücke und -kräfte bei Ablenkung und Umströmung.

der anströmenden Lawine. Der Impuls ist allgemein Masse mal Geschwindigkeit: mv. Die zeitliche Änderung des Impulses ergibt die wirkenden Kräfte

$$F = \frac{\mathrm{d}(mv)}{\mathrm{d}t} = \frac{\mathrm{d}m}{\mathrm{d}t}v + m\frac{\mathrm{d}v}{\mathrm{d}t}. \tag{3.1}$$

Für Starrkörper ist $\mathrm{d}m/\mathrm{d}t = 0$ und es folgt das 2. Newtonsche Gesetz

$$F = m\frac{\mathrm{d}v}{\mathrm{d}t} = ma. \tag{3.2}$$

Für eine stationäre Strömung ist $\mathrm{d}v/\mathrm{d}t = 0$. Für ein inkompressibles Medium ist die zeitliche Änderung der Masse

$$\frac{\mathrm{d}m}{\mathrm{d}t} = \frac{\rho\,\mathrm{d}V}{\mathrm{d}t}, \tag{3.3}$$

mit dem Volumen $\mathrm{d}V$ welches pro Zeiteinheit durch den Querschnitt A strömt: $\mathrm{d}V = Av\,\mathrm{d}t$. Damit gilt

$$F = \frac{\mathrm{d}m}{\mathrm{d}t} \cdot v = \frac{\rho A v\,\mathrm{d}t}{\mathrm{d}t} \cdot v = \rho A v^2. \tag{3.4}$$

Die Impulskraft der anströmenden Lawine ist also $F = \rho A v^2$, mit der Lawinengeschwindigkeit v, der Dichte des fließenden Lawinenschnees ρ und dem Anströmquerschnitt A. Die Komponente der Impulskraft normal zum Ablenkbauwerk ist $F_n = \rho A v^2 \sin\alpha$, worin α der Ablenkwinkel ist, Abb. 3.8.[1] Wird diese Kraft auf die Fläche $A' = A/\sin\alpha$ am Ablenkbauwerk bezogen, folgt der Normaldruck in diesem

---

[1] Sehr ähnlich zu diesem Problem ist ein horizontaler Freistrahl, der schief (und reibungsfrei) auf eine senkrechte Ebene trifft. Hier wird der Strahl in zwei Teile geteilt, wobei der im spitzen Winkel abströmende Teil einen kleineren Durchflussquerschnitt $A(\cos\alpha - 1)/2$ aufweist. Dieser Teil muss bei einer Lawine hangaufwärts fließen und kommt damit zum Erliegen.

Bereich:

$$p_n = \frac{F}{A'} = \rho v^2 \sin^2 \alpha \qquad (3.5)$$

(vgl. Lackinger 1991; Sauermoser et al. 2011). Bei einem völlig frontalen Stau ist $\alpha = 90°$ und der Druck $p_n = \rho v^2$ (vgl. Gabl und Lackinger 2000; ONR 24805 2010). Während der ersten Millisekunden des Anpralles einer Lawine auf ein Hindernis können allerdings wesentlich höhere Drücke auftreten. Als Abschätzung geben Sauermoser et al. (2011) diesen Spitzendruck zu

$$p_n^{\text{peak}} \approx 3 p_n \qquad (3.6)$$

an, der bei besonders vulnerablen Gebäuden zusätzlich zum Basisdruck angesetzt werden sollte.

Die Wandschubspannung wird über einen Reibungskoeffizienten abgeschätzt

$$p_s \approx \mu_F p_n, \qquad (3.7)$$

worin $\mu_F \approx 0{,}3$ für Schnee auf Schnee oder Boden sowie $\mu_F \approx 0{,}4$ für Schnee auf groben Böden oder rauen Wänden angenommen werden kann (Sauermoser et al. 2011).

Kraft auf umströmte Hindernisse

Umströmt die Lawine ein Hindernis, ist die Stoßkraft auf dieses Hindernis

$$P = cA\rho \frac{v^2}{2}, \qquad (3.8)$$

mit der Querschnittsfläche des Hindernisses A (Abb. 3.8) und dem Formfaktor c. Der Formfaktor ist je nach Form und Lawinenschnee 1 bis 6, Tab. 3.2.

	Fließlawine, trocken	Fließlawine, nass	Staubschicht	Saltationsschicht
Kreiszylinder	1,5	3 bis 5	1	1
Rechteck	2	4 bis 6	1,5	2
Spaltkeil	1,5	3 bis 6	1,2	1,5

Tabelle 3.2 Formfaktoren c für von Lawinen umströmte Objekte (Sauermoser et al. 2011).

Aufstau

Oberhalb des Bauwerkes kommt es zu einem Rückstau der Fließlawine. Die Stauhöhe direkt am Bauwerk ist besonders wichtig zur Abschätzung der Höhe von

Auffang- oder Ablenkdämmen. Als sehr vereinfachtes Modell betrachten wir dazu eine Kugel der Masse m, die mit der Geschwindigkeit v aus einer Ebene reibungsfrei einen Damm hinauf rollt. In der Ebene hat sie noch die kinetische Energie $E_{kin} = mv^2/2$. Wenn die Kugel in der Höhe h des Dammes zum Stillstand kommt, ist diese kinetische Energie in potentielle Energie $E_{pot} = mgh$ umgewandelt. Aus $E_{kin} = E_{pot}$ folgt

$$h = \frac{v^2}{2g}.$$ (3.9)

Dieselbe Beziehung folgt aus einem Modell einer stationären Strömung einer idealen (reibungsfreien) Flüssigkeit um ein Hindernis, Abb. 3.9. In so einer Strömung gilt entlang eines Stromfadens die Bernulligleichung

$$\frac{v^2}{2g} + \frac{p}{\rho g} + z = \text{konstant}.$$ (3.10)

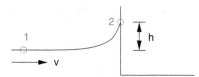

Abb. 3.9 Strömung einer idealen Flüssigkeit um ein Hindernis.

Weit entfernt vom Hindernis (Punkt 1) fließt die Flüssigkeit mit der Geschwindigkeit $v_1 = v$. An der Oberfläche, hier $z_1 = 0$, herrscht der atmosphärische Druck $p_1 = p_a$. Im Staupunkt ist die Geschwindigkeit $v_2 = 0$, der Druck $p_2 = p_a$ und die geodätische Höhe $z_2 = h$. Damit folgt aus

$$\frac{v_1^2}{2g} + \frac{p_1}{\rho g} + z_1 = \frac{v_2^2}{2g} + \frac{p_2}{\rho g} + z_2$$ (3.11)

$$\frac{v^2}{2g} + \frac{p_a}{\rho g} + 0 = 0 + \frac{p_a}{\rho g} + h$$ (3.12)

wieder (3.9).

Der Aufstau einer Lawine an einem Damm ist deutlich komplizierter als die soeben gezeigten Modelle. Insbesondere geht die Energieumwandlung nicht verlustfrei vonstatten. Deshalb wird für grobe Abschätzungen ein empirischer Energieumwandlungsfaktor λ in (3.9) eingeführt

$$h_{stau} = \frac{v^2}{2g\lambda}.$$ (3.13)

Der empirische Energieumwandlungsfaktor λ ist 1,5 bei trockenen großen Lawinen und 2 bis 3 bei dichten (nassen) Lawinen (Sauermoser et al. 2011). Für den Lawinendruck des aufgestauten Bereiches am Bauwerk wird in ONR 24805 (2010) eine lineare Abnahme über die Stauhöhe angesetzt.

3.4.3 Lawinengefahrenzonen

Die Gefahrenzonenpläne sind eine raumplanerische Maßnahme des permanenten Lawinenschutzes auf Basis des Forstgesetzes 1975 (Gabl und Lackinger 2000). Es werden in Österreich 2 Zonen ausgewiesen, die nach den erwarteten Lawinendrücken p und Ablagerungshöhen T unterschieden werden, Tab. 3.3:

Rote Zone (LR):   Flächen mit derartiger Lawinengefährdung, dass ständige Benützung für Siedlungs- und Verkehrszwecke praktisch nicht möglich ist.

Gelbe Zone (LG):   Übrige gefährdete Flächen mit beeinträchtigter Benützung. Bauten sind mit Auflagen möglich.

Rote Zone	$p > 10$ kPa
keine Gebäude	$T > 1,5$ m
Gelbe Zone	1 kPa $< p \leq 10$ kPa
Gebäude mit Auflagen	$0,2$ m $< T \leq 1,5$ m

Tabelle 3.3 Zonen des Gefahrenzonenplanes, Bemessungsereignis mit 150-jährlicher Wiederkehrwahrscheinlichkeit, p Lawinendruck, T Mächtigkeit der Ablagerung (GZP-Richtlinien 2001).

Das Lawinenunglück in Galtür (32.2.1999) mit 31 Todesopfern führte zu einer Änderung in der Gefahrenzonenplanung in Österreich. Der für die Grenze zwischen roter und gelber Zone maßgebende Lawinendruck wurde von $p = 25$ kPa auf $p = 10$ kPa heruntergesetzt.

Als Bemessungsereignis werden Lawinen mit einer Wiederkehrwahrscheinlichkeit von 150 Jahren zugrundegelegt. Häufigere Ereignisse (1 bis 10 Jahre) werden praktisch immer vom Bemessungsereignis überlagert.[2] Für lokale Schneerutsche gibt es Sonderregelungen. Abb. 3.10 zeigt als Beispiel einen Ausschnitt des Gefahrenzoneplanes für Innsbruck.

---

[2] Granig, M. (2009): persönliche Mitteilung (Stabstellenleiter der Stabstelle Schnee und Lawinen, Wildbach- und Lawinenverbauung).

Abb. 3.10 Ausschnitt aus dem Gefahrenzonenplan für Innsbruck (2006), Bild: forsttechnischer Dienst für Wildbach- und Lawinenverbauung, Sektion Tirol (bearbeitet).

3.5 Einfache dynamische Modelle für Lawinenberechnungen

3.5.1 Reibungsblockmodell

In diesem einfachsten Modell wird die gesamte Anbruchmasse an der oberen Anbruchstelle A konzentriert, Abb. 3.11. Die Bewegung dieses Blockes (eigentlich des Massepunktes) über die Lawinenbahn (Talweg) s wird berechnet. Der Endpunkt der Bewegung E wird als Front der Ablagerung interpretiert. H ist dann die Gesamtfallhöhe und R_L die horizontale Reichweite der Lawine.

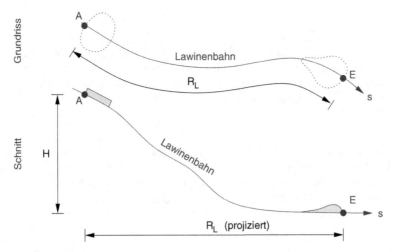

Abb. 3.11 Gesamte Lawinenbahn.

Der Block mit der Masse m rutscht entlang der in natürlichen Koordinaten[3] s gegebenen Lawinenbahn nach unten. Dabei wirken die Kräfte in Abb. 3.12.

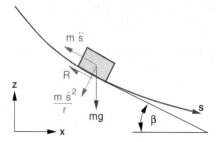

Abb. 3.12 Reibungsblockmodell.

Die Beschleunigungskraft in tangentialer Richtung ist

$$m\ddot{s} = T - R, \tag{3.14}$$

mit der treibenden Komponente

$$T = mg\sin\beta, \tag{3.15}$$

und der haltenden Komponente, einer Coulombschen Reibung,

$$R = \mu N. \tag{3.16}$$

Die Normalkraft darin ist

$$N = mg\cos\beta + \frac{m\dot{s}^2}{r}, \tag{3.17}$$

mit der Krümmung der Lawinenbahn $\kappa = 1/r = \partial\beta/\partial s$. Da die Krümmung natürlicher Lawinenbahnen eher gering ist, wird der zweite Term vernachlässigt. Damit folgt die Beschleunigung des Blockes

$$\ddot{s} = g(\sin\beta - \mu\cos\beta) = \dot{v}. \tag{3.18}$$

Hier sind die beiden wesentlichen Schwachpunkte des Modells leicht zu erkennen:

1. Gleichung (3.18) prognostiziert für eine Lawinenbahn mit konstanter Neigung β eine konstante Beschleunigung. Das würde zu unendlichen Geschwindigkeiten führen, was der Erfahrung widerspricht.

2. Die Bewegung ist unabhängig von der Lawinenmasse. Größere Lawinen haben aber in der Regel längere Reichweiten als kleinere.

---

[3] Als *natürliche* Koordinaten wird ein Koordinatensystem bezeichnet, welches durch die Bahnkurve eines Körpers definiert wird. Hier ist das die Bahn der Lawine.

Für eine erste grobe Abschätzung, bzw. als Größenordnungskontrolle von Berechnungsergebnissen komplexerer Modelle, ist das Modell aber trotzdem brauchbar. Bei Stillstand ist die potentielle Energie des in der Höhe H gelegenen Blockes zur Gänze in Reibungsenergie umgewandelt worden

$$mgH = \int_0^{s_E} R\,\mathrm{d}s = \int_0^{s_E} \mu mg \cos\beta\,\mathrm{d}s = \mu mg \int_0^{s_E} \cos\beta\,\mathrm{d}s = \mu mg \int_0^{R_L} \mathrm{d}x = \mu mg R_L.$$

(3.19)

Daraus folgt

$$\mu = \frac{H}{R_L} = f_R = \tan\varphi_k,$$

(3.20)

worin f_R als Pauschalgefälle bezeichnet wird und φ_k als kinetischer Reibungswinkel. Wenn die Lawinenbahn abgewickelt aufgezeichnet wird, kann die Reichweite mit einer um das Pauschalgefälle geneigten Geraden konstruktiv abgeschätzt werden, Abb. 3.13.

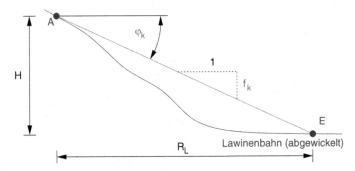

Abb. 3.13 Konstruktion der horizontalen Reichweite R_L.

Der kinetische Reibungswinkel kann als Funktion des Volumens der Lawine abgeschätzt werden, $\tan\varphi_k \approx 0{,}1\ldots0{,}8$ für große bis kleine Lawinen, vgl. Abb. 3.14.

3.5.2 Reibungsturbulenzmodell (Voellmy)

Die erste Verbesserung des Reibungsblockmodells ist das Reibungsturbulenzmodell von Voellmy (1955). Die Reibungskraft des Blockes (3.16) wird um einen geschwindigkeitsabhängigen Turbulenzterm[4] erweitert

$$R = \mu N + \frac{\rho g \dot{s}^2}{\xi} A_u,$$

(3.21)

---

[4] aus der Hydraulik übernommen

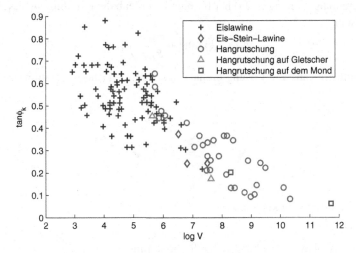

Abb. 3.14 Pauschalgefälle $f_R = \tan \varphi_k$ als Funktion des Logarithmus des Anbruchvolumens V (log m^3), (nach: Alean 1985, mit Änderungen).

worin ξ ein Turbulenzkoeffizient und A_u die von der Lawine benetzte Gleitfläche ist. Die Differentialgleichung der Bewegung (3.14) wird damit

$$m\ddot{s} = mg(\sin\beta - \mu\cos\beta) - \frac{\rho g \dot{s}^2}{\xi}A_u \,. \tag{3.22}$$

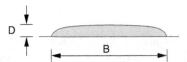

Abb. 3.15 Geometrie einer Flächenlawine.

Für eine Flächenlawine (Abb. 3.15) ist die benetzte Gleitfläche pro Laufmeter Lawine $A_u/\mathrm{lfm} = B$ und die Masse pro Laufmeter $m/\mathrm{lfm} = \rho BD$. Damit und mit $\ddot{s} = \dot{v}$ sowie $\dot{s} = v$ wird (3.22) zu

$$\dot{v} = g(\sin\beta - \mu\cos\beta) - \frac{g}{\xi D}v^2 \,. \tag{3.23}$$

Die maximale Geschwindigkeit der Lawine $v_{\max}$ tritt auf, wenn die Beschleunigung Null wird, das ist $\dot{v} = 0$:

$$v_{\max} = \sqrt{\xi D(\sin\beta - \mu\cos\beta)} \,. \tag{3.24}$$

Die Differentialgleichung (3.23) hat für eine Lawinenbahn mit konstanter Neigung β die Lösung

$$v = v_{\max} \tanh\left(g\frac{v_{\max}}{\xi D}t\right).$$

(3.25)

Für variables β kann die Lösung einfach durch numerische Integration gefunden werden.

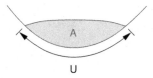

Abb. 3.16 Geometrie einer Runsenlawine.

Für eine Runsenlawine wird der hydraulische Radius

$$R = \frac{A}{U},$$

(3.26)

aus dem Fließquerschnitt A und dem benetzten Umfang U (Abb. 3.16) anstelle der Fließdicke D eingesetzt

$$v_{\max} = \sqrt{\xi R(\sin\beta - \mu\cos\beta)}.$$

(3.27)

Typische Werte: Als typische Werte werden empfohlen (Gruber et al. 2002; Lackinger 1991; Salm et al. 1990):

- Reibungskoeffizient

Extremereignis, Fließhöhe größer 1–2 m:	
Auslauf über 1300 m.ü.A.	$\mu = 0{,}155$
Auslauf unter ca. 1300–1500 m.ü.A.	$\mu = 0{,}2$
Kleine Lawine, Fließhöhe kleiner 1–2 m:	
alle Seehöhen	$\mu = 0{,}3$

- Turbulenzkoeffizient

kleine Rauheit, wenig kanalisiert (Breite:Höhe > 10:1)	$\xi \approx 1000 \text{ m/s}^2$
hohe Rauheit, stark kanalisiert (Breite:Höhe > 1:1–1:2)	$\xi \approx 500 - 600 \text{ m/s}^2$
Fließen durch Wald	$\xi \approx 400 \text{ m/s}^2$

Da das Reibungsturbulenzmodell zu einfach ist, um die Dynamik einer Lawine richtig wiederzugeben, sind diese Werte lediglich grobe Anpassungen und haben nur bedingt eine physikalische Bedeutung. So zeigen Gauer et al. (2010) in Rückrechnungen von 320 Extremereignissen, dass z.B. der Modellparameter Reibungskoeffizient mit der mittleren Sturzbahnneigung steigt.

3.6 Kontinuumsmechanische Lawinenmodelle

3.6.1 Erweiterung des Reibungsblockmodells

Die Geometrie einer Lawine bleibt während des Absturzes offensichtlich nicht konstant, wie es im Reibungsblockmodell angenommen wird. Betrachten wir im Folgenden eine Flächenlawine mit einer Breite B, welche sehr viel größer ist als die Höhe h der Lawine. Die Änderung der Geländeform quer zur Fließrichtung sei vernachlässigbar. Damit genügt es, einen sogenannten Meterstreifen (quer zur Fließrichtung) dieser Lawine zu betrachten und ein ebenes Problem zu betrachten, Abb. 3.17. Die Koordinate z steht senkrecht zur mittleren Neigung der Lawinenbahn s in der Lamelle der Breite Δs. Es hat sich eingebürgert, die Höhe h in Richtung der lokalen Koordinate z zu definieren. Für den ruhenden Schnee haben wir diese Länge als Dicke D definiert, es gilt also $h = D$ und laut (2.7) $H = h/\cos\beta$ für die vertikal gemessene Höhe H.

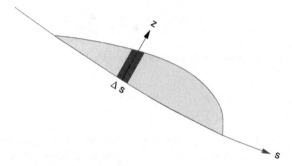

Abb. 3.17 Eine Lamelle einer Flächenlawine.

Da sich die interne Scherung in einer Fließlawine hauptsächlich im Sohlbereich konzentriert, sind die Fließgeschwindigkeiten im oberen Teil ungefähr konstant, Abb. 3.18. In den üblichen kontinuumsmechanischen Lawinenmodellen wird deshalb die über die Tiefe gemittelte Geschwindigkeit

$$v = \frac{1}{h}\int_0^h \hat{v}(z)\,\mathrm{d}z \qquad (3.28)$$

vereinfachend als konstant über die Tiefe angenommen.

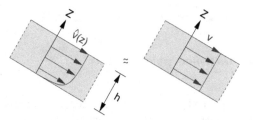

Abb. 3.18 Verteilung der Geschwindigkeit $\hat{v}(z)$ in einer Lawine und Vereinfachung $v = \frac{1}{h}\int\limits_0^h \hat{v}(z)\,dz$ in den üblichen kontinuumsmechanischen Lawinenmodellen.

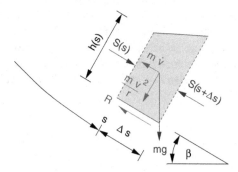

Abb. 3.19 Kräfte an der Lamelle der Flächenlawine aus Abb. 3.17.

Bewegungsgleichung

Wir betrachten eine Lamelle in der Lawine, welche sich mit der Geschwindigkeit v bewegt. An dieser wirken die in Abb. 3.17 dargestellten Kräfte. Diese sind bis auf die Lamellenzwischenkräfte S bereits aus dem Reibungsblockmodell bekannt (Abschnitt 3.5.1). Die Lamellenzwischenkräfte werden parallel zu der Reibungskraft R angenommen. Damit folgt die normal zur Bahn wirkende Kraft

$$N = mg\cos\beta + \frac{mv^2}{r} = m(g\cos\beta + \kappa v^2)\,, \qquad (3.29)$$

mit der lokalen Krümmung $\kappa = 1/r$. Die Masse der Lamelle (pro Laufmeter Lawinenbreite) ist

$$m = \rho\,\frac{h(s) + h(s+\Delta s)}{2}\,\Delta s = \rho\bar{h}\Delta s\,. \qquad (3.30)$$

Die mittlere Normalspannung an der Sohle ist damit

$$\bar{\sigma}_n = \frac{N}{\Delta s} = \rho\bar{h}(g\cos\beta + \kappa v^2)\,. \qquad (3.31)$$

Im Grenzübergang $\Delta s \to 0$ folgt $\bar{h} \to h$ und

$$\sigma_n = \rho h (g \cos\beta + \kappa v^2).$$ (3.32)

Zur Berechnung der Lamellenzwischenkräfte S benötigen wir die Tangentialspannung σ_t. Diese kann formal mit der Normalspannung über einen Beiwert verknüpft werden $\sigma_t = K\sigma_n$. Hier wird ein sogenannter aktiver Erddruckbeiwert K_a eingeführt, wenn die Lawine im Bereich der Lamelle gedehnt wird, und ein passiver Beiwert K_p, wenn eine Stauchung vorliegt, wobei gilt: $K_p > K_a$. Abkürzend schreiben wir dafür

$$\sigma_t = K_{a/p}\sigma_n.$$ (3.33)

Die lokale Dehnung oder Stauchung ist an der Änderung der Geschwindigkeit in s-Richtung $\Delta v/\Delta s$ ersichtlich. Ist diese größer als Null, nimmt die Geschwindigkeit in s-Richtung zu, also $v(s + \Delta s) > v(s)$. Damit bewegt sich der rechte Rand der Lamelle in Abb. 3.19 schneller als der linke Rand, und die Lawine wird im Bereich der Lamelle lokal gedehnt. Für $\Delta v/\Delta s < 0$ folgt eine lokale Stauchung. Im Grenzübergang $\Delta s \to 0$ gilt

$$\lim_{\Delta s \to 0} \frac{\Delta v}{\Delta s} = \lim_{\Delta s \to 0} \frac{v(s + \Delta s) - v(s)}{\Delta s} = \frac{\partial v}{\partial s},$$ (3.34)

und damit

$$K_{a/p} = \begin{cases} K_a & \text{für } \partial v/\partial s > 0 \text{ (Dehnung: aktiver Erddruck)} \\ K_p & \text{für } \partial v/\partial s < 0 \text{ (Stauchung: passiver Erddruck)} \end{cases}$$ (3.35)

Für kleine Krümmungen κ und kleine Höhen h kann der Krümmungsradius r über die Höhe h ungefähr als konstant angenommen werden und die Normalspannung aus der Normalkraft in (3.29) steigt linear von Null an der Oberfläche der Lawine bis zum Wert σ_n (3.32) an der Sohle. Damit ist auch die Tangentialspannung $\sigma_t = K_{a/p}\sigma_n$ linear über die Tiefe verteilt, Abb. 3.20(a).

Die Differenz der Lamellenzwischenkräfte ist

$$\Delta S = S(s) - S(s + \Delta s) = \frac{h(s)}{2}\sigma_t(s) - \frac{h(s + \Delta s)}{2}\sigma_t(s + \Delta s),$$ (3.36)

also graphisch die Differenz der Flächen unter den Spannungsverteilungen von $\sigma_t(s)$ und $\sigma_t(s + \Delta s)$ in Abb. 3.20(a). Diese Differenz ist in Abb. 3.20(b) als hinterlegte Trapezfläche

$$\frac{\sigma_t(s) + \sigma_t(s + \Delta s)}{2}\Delta h$$ (3.37)

dargestellt. Mit $\sigma_t(s) = K_{a/p}\sigma_n(s)$ und $\sigma_t(s + \Delta s) = K_{a/p}\sigma_n(s + \Delta s)$ und der mittleren Normalspannung an der Sohle der Lamelle $\bar{\sigma}_n = (\sigma_n(s) + \sigma_n(s + \Delta s))/2$ folgt aus (3.36)

$$\Delta S = -K_{a/p}\bar{\sigma}_n\Delta h = -K_{a/p}\frac{N}{\Delta s}\Delta h.$$ (3.38)

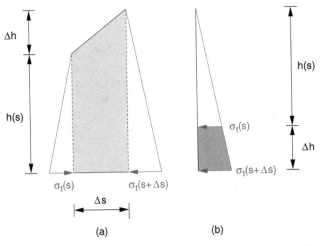

Abb. 3.20 Tangentialspannungen an der Lamelle der Flächenlawine aus Abb. 3.17.

Damit lautet die Bewegungsgleichung der Lamelle aus den Kräften in s-Richtung (Abb. 3.19)

$$m\ddot{s} = m\dot{v} = mg\sin\beta - R + \Delta S. \tag{3.39}$$

Für das einfachste Modell der Coulombschen Reibung an der Sohle gilt

$$R = \mu N, \tag{3.40}$$

worin der Reibungskoeffizient $\mu = \tan\delta$ mit dem Sohlreibungswinkel δ ist. Es folgt mit (3.38)

$$\dot{v} = g\sin\beta - \mu\frac{N}{m} - K_{a/p}\frac{N}{m}\frac{\Delta h}{\Delta s}. \tag{3.41}$$

Mit N aus (3.29) und im Grenzübergang $\Delta s \to 0$ folgt

$$\dot{v} = g\underbrace{\left[\sin\beta - \mu\left(\cos\beta + \frac{\kappa v^2}{g}\right)\underbrace{- K_{a/p}\left(\cos\beta + \frac{\kappa v^2}{g}\right)\frac{\partial h}{\partial s}}_{\text{bremsend oder beschleunigend}}\right]}_{\text{Reibungsblockmodell}}. \tag{3.42}$$

Die Bewegungsgleichung (3.42) beinhaltet dieselben Terme wie das Reibungsblockmodell, ergänzt um die Wirkung der Umlenkkräfte und der Lamellenzwischenkräfte. Der letzte Term in (3.42) wirkt bremsend, wenn $\partial h/\partial s > 0$ ist (im hinteren Teil der Lawine, Abb. 3.21), und beschleunigend, wenn $\partial h/\partial s < 0$ (im vorderen Teil der Lawine). Dadurch wird die Lawine während ihrer Bewegung länger solange die Bahn nicht wesentlich flacher wird.

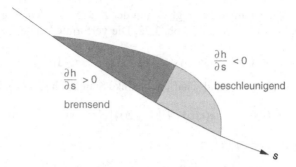

Abb. 3.21 Wirkung des letzten Termes in der Bewegungsgleichung (3.42): Im hinteren Teil der Lawine wirken zusätzlich bremsende Kräfte, im vorderen beschleunigende, d.h. die Lawine wird insgesamt länger.

Massenerhaltung

Die Änderung der Lawinenhöhe erhalten wir aus einer Massenerhaltung. Dabei nehmen wir an, dass die Dichte ρ des fließenden Lawinenschnees konstant ist. Das heißt, der fließende Lawinenschnee ist inkompressibel und die Fläche der Lamelle ändert sich durch die Bewegung nicht: Die Fläche der Lamelle zur Zeit t ist gleich der Fläche zur Zeit $t + \Delta t$

$$\bar{h}(t)\,\Delta s(t) = \bar{h}(t + \Delta t)\,\Delta s(t + \Delta t)\,, \tag{3.43}$$

worin $\bar{h}$ die mittlere Höhe in der Lamelle bezeichnet, Abb. 3.22. Im Folgenden wird für die Breite der Lamelle zur Zeit t kurz Δs geschrieben.

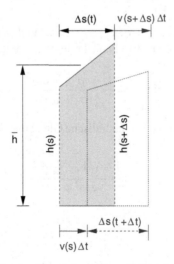

Abb. 3.22 Lamelle zur Zeit t und verformte Lamelle zur Zeit $t + \Delta t$.

Der linke Rand einer Lamelle bewegt sich in der Zeit Δt um den Weg $v(s)\Delta t$ und der rechte Rand um $v(s+\Delta s)\Delta t$, Abb. 3.22. Die verformte Länge der Lamelle ist demnach

$$\Delta s(t+\Delta t) = \Delta s + \left[v(s+\Delta s) - v(s)\right]\Delta t. \tag{3.44}$$

Setzen wir das in (3.43) ein und schaffen die linke Seite nach rechts, folgt

$$0 = \left[\bar{h}(t+\Delta t) - \bar{h}(t)\right]\Delta s + \bar{h}(t+\Delta t)\left[v(s+\Delta s) - v(s)\right]\Delta t. \tag{3.45}$$

Division durch Δs und Δt liefert

$$0 = \frac{\bar{h}(t+\Delta t) - \bar{h}(t)}{\Delta t} + \bar{h}(t+\Delta t)\frac{v(s+\Delta s) - v(s)}{\Delta s}. \tag{3.46}$$

Der Grenzübergang $\Delta s \to 0$ und $\Delta t \to 0$ ergibt (mit $\bar{h} \to h$) die Massenerhaltung

$$0 = \frac{\partial h}{\partial t} + h\frac{\partial v}{\partial s}. \tag{3.47}$$

Erddruckbeiwerte

Die noch fehlenden Erddruckbeiwerte können mithilfe Abb. 3.23 bestimmt werden. Das strömende Medium wird als Granulat betrachtet und hat damit den inneren Reibungswinkel $\varphi > \delta$. Damit sind die Grenzgeraden $\tau = \pm\sigma\tan\varphi$ gegeben. Für den bekannten Spannungszustand am Boden $(\sigma_n, -\tau)$ können zwei Mohrsche Kreise konstruiert werden (vgl. Anhang A.2), welche die Grenzgeraden tangieren. Der kleinere repräsentiert den aktiven und der größere den passiven Erddruck. Der Spannungszustand an den senkrechten Seiten des Bodenelementes liegt jeweils auf der gegenüberliegenden Seite der Kreise.

Die Mittelpunkte der Kreise liegen bei $(\sigma_n + \sigma_t)/2$ und ihre Radien sind $r = (\tau^2 + \frac{1}{4}(\sigma_t - \sigma_n)^2)^{1/2}$. Aus trigonometrischen Überlegungen folgt

$$\sin^2\varphi = \frac{\tau^2 + \frac{1}{4}(\sigma_t - \sigma_n)^2}{\frac{1}{4}(\sigma_n + \sigma_t)^2}. \tag{3.48}$$

Mit $\tau = \sigma_n\tan\delta$ folgt daraus eine quadratische Gleichung für $\sigma_t/\sigma_n = K_{a/p}$ mit den beiden Lösungen

$$K_{a/p} = 2\frac{1 \mp \sqrt{1 - \frac{\cos^2\varphi}{\cos^2\delta}}}{\cos^2\varphi} - 1. \tag{3.49}$$

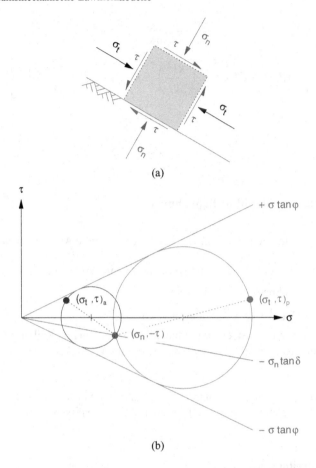

(a)

(b)

Abb. 3.23 (a) Element am Boden, mit den Spannungen (σ_n, τ) und (σ_t, τ); (b) möglicher aktiver und passiver Spannungszustand im Mohrschen Diagramm.

Zusammenfassung der Modellgleichungen

Die Geschwindigkeit v in diesem Modell ist eine sogenannte materielle Geschwindigkeit, also die Partikelgeschwindigkeit. Man spricht auch von einer sogenannten lagrangeschen Beschreibung der Bewegung (vgl. Anhang A.4, S. 157ff) und es gilt

$$\dot{v}(s,t) = \frac{\mathrm{d}v(s,t)}{\mathrm{d}t} = \frac{\partial v(s,t)}{\partial t}. \tag{3.50}$$

Damit kann (3.42) in eine partielle Differentialgleichung umgeschrieben werden. Die Bewegung und Formänderung der Lawine erhalten wir durch numerische Integration des gekoppelten Systems der partiellen Differentialgleichungen (3.47) und (3.42), welche hier noch einmal zusammengefasst sind

$$\frac{\partial h}{\partial t} + h\frac{\partial v}{\partial s} = 0,\tag{3.51}$$

$$\frac{\partial v}{\partial t} = g\left[\sin\beta - \tan\delta\left(\cos\beta + \frac{\kappa v^2}{g}\right) - K_{a/p}\left(\cos\beta + \frac{\kappa v^2}{g}\right)\frac{\partial h}{\partial s}\right],\tag{3.52}$$

mit

$$K_{a/p} = 2\frac{1 \mp \sqrt{1 - \frac{\cos^2\varphi}{\cos^2\delta}}}{\cos^2\varphi} - 1.\tag{3.53}$$

Zusammenfassung der Modellannahmen

Den Modellgleichungen (3.51) und (3.52) liegen folgende Annahmen zugrunde:

1. Die Geschwindigkeit ist über die Höhe der Lawine konstant.

2. Der Lawinenschnee ist inkompressibel.

3. Die Krümmung der Lawinenbahn ist klein.

4. Der Lawinenschnee ist ein Granulat mit einem inneren Reibungswinkel, die Sohlreibung ist demzufolge über einen Sohlreibungswinkel $\tan\delta = \mu$ modellierbar.

Insbesondere aus der dritten Annahme folgt, dass solche Modelle nicht in der Lage sind, kleine lokale Hindernisse wie Dämme richtig zu erfassen.

Andere Sohlreibungsmodelle

Prinzipiell sind auch andere Reibungsmodelle denkbar. Hier wurde die Schubspannung in der Sohle als Coulombsche Reibung modelliert

$$\tau = \sigma_n\mu = \sigma_n\tan\delta,\tag{3.54}$$

mit dem Reibungswinkel δ zwischen Lawine und Boden. Es kann auch ein Reibungsturbulenzmodell (Voellmy) verwendet werden

$$\tau = \sigma_n\tan\delta + \frac{\rho g v^2}{\xi}.\tag{3.55}$$

Dann sind allerdings die Beiwerte $K_{a/p}$ auch anzupassen.

Numerische Implementierung

Ein Lawinenmodell dieses Typs wurde von Hungr (1995) erstmals numerisch umgesetzt. Eine Erweiterung für drei Dimensionen wurde von McDougall und Hungr (2004) vorgestellt. Die Lösung der Bewegungsgleichungen in lagrangescher Beschreibung kann mit der numerischen Methode der Smoothed Particle Hydrodynamics (SPH)[5] erfolgen.

Wird die Lawine bei einem Neigungswechsel langsamer, oder kommt sie an ihrer Front zum Stillstand, tritt eine rücklaufende Stoßwelle auf. Dies ist vergleichbar mit einem Auffahrunfall auf einer Autobahn. Diese Stoßwelle bedeutet große Änderungen der Geschwindigkeit über eine kurze Strecke, d.h. $\partial v / \partial s$ ist groß, im Extremfall geht die Ableitung gegen unendlich. Dieses inhärente physikalische Problem macht numerische Schwierigkeiten, welche besser mit numerischen Methoden basierend auf einer eulerschen Beschreibung der Bewegungsgleichungen lösbar ist. So eine Formulierung wurde erstmals von Savage und Hutter (1989) vorgestellt und wird in Abschnitt 3.6.4 in ihren Grundzügen behandelt.

3.6.2 Materialaufnahme in die Lawine

Die Lawine kann Material erodieren und mitreißen. Dieser Prozess (engl. *entrainment*) erhöht die Masse der Lawine. Das zunächst ruhende Material wird auf die Geschwindigkeit der Lawinen beschleunigt. Damit werden sowohl die Massenerhaltung (3.51) als auch die aus der Impulserhaltung folgende Bewegungsgleichung (3.52) beeinflusst.

Massenerhaltung

Die Masse in einer Lamelle wird um Δm erhöht (Abb. 3.24)

$$m(t) + \Delta m(t) = m(t + \Delta t). \qquad (3.56)$$

Die mitgerissene Masse (pro Laufmeter Lawinenbreite) ist

$$\Delta m(t) = \rho_b \Delta \bar{b} \Delta s, \qquad (3.57)$$

wobei ρ_b die Dichte des Materials und Δb die Zunahme der Sohleintiefung ist (b steht für *bed*). Damit schreibt sich die Massenerhaltung (vgl. (3.43))

---

[5] Diese Methoden wurden in der Astrophysik entwickelt und werden dort z.B. zur Berechnung von Entstehung und Verschmelzung von Galaxien verwendet.

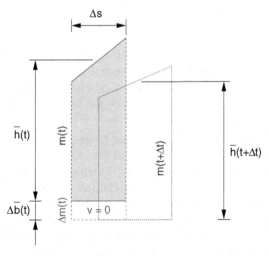

Abb. 3.24 Mitreißen der Masse Δm bei Überströmung.

$$\rho\,\bar{h}(t)\,\Delta s(t) + \rho_b\,\Delta\bar{b}(t)\,\Delta s(t) = \rho\,\bar{h}(t+\Delta t)\,\Delta s(t+\Delta t). \tag{3.58}$$

Üblicherweise wird vereinfachend angenommen, dass $\rho_b = \rho$ gilt, und die Dichte kann gekürzt werden

$$\bar{h}(t)\,\Delta s(t) + \Delta\bar{b}(t)\,\Delta s(t) = \bar{h}(t+\Delta t)\,\Delta s(t+\Delta t). \tag{3.59}$$

Verwendung von (3.44), Umstellen und Division durch Δs und Δt liefert

$$\frac{\Delta\bar{b}(t)}{\Delta t} = \frac{\bar{h}(t+\Delta t) - \bar{h}(t)}{\Delta t} + \bar{h}(t+\Delta t)\frac{v(s+\Delta s) - v(s)}{\Delta s}. \tag{3.60}$$

Der Grenzübergang $\Delta s \to 0$ und $\Delta t \to 0$ ergibt die Massenerhaltung bei Masseneintrag

$$\frac{\partial b}{\partial t} = \frac{\partial h}{\partial t} + h\frac{\partial v}{\partial s}. \tag{3.61}$$

Darin ist $\partial b/\partial t$ die sogenannte Erosionsgeschwindigkeit. Sie stellt die Geschwindigkeit der wandernden Grenze zwischen bewegtem und ruhendem Material dar. Einfache Modelle für die Erosionsgeschwindigkeit werden in Abschnitt 3.6.3 angegeben.

Bewegungsgleichung

Die mitgerissene Masse Δm muss über die Zeit Δt auf die Geschwindigkeit der Lawine $v(t+\Delta t)$ beschleunigt werden. Wir erhalten die dazu notwendige Beschleunigungskraft F_b aus dem zweiten Newtonschen Axiom

$$\Delta m \ddot{s} = F_b \,. \qquad (3.62)$$

Die linke Seite über die Zeit integriert ergibt

$$\Delta m \int_t^{t+\Delta t} \ddot{s}\,\mathrm{d}t = \Delta m \Big[v(t+\Delta t) - v(t) \Big] = \Delta m\, v(t+\Delta t)\,, \qquad (3.63)$$

da die Geschwindigkeit des mitgerissenen Materials zur Zeit t gleich Null ist. Die rechte Seite wird zu

$$\int_t^{t+\Delta t} F_b\,\mathrm{d}t = F_b \Delta t\,, \qquad (3.64)$$

unter der Annahme, dass die Kraft für den kleinen Zeitschritt Δt konstant bleibt. Gleichsetzten von (3.63) mit (3.64) und Division durch Δt ergibt

$$F_b = \frac{\Delta m\, v(t+\Delta t)}{\Delta t}\,. \qquad (3.65)$$

Diese Kraft wirkt für die Lamelle der Lawine bremsend, also in die gleiche Richtung wie die Reibungskraft R, Abb. 3.19. Damit wird die Bewegungsgleichung (3.39) ergänzt zu

$$m\ddot{s} = m\dot{v} = mg\sin\beta - R + \Delta S - F_b\,, \qquad (3.66)$$

bzw. zu

$$\dot{v} = g\sin\beta + \frac{\Delta S - R}{m} - \frac{F_b}{m}\,. \qquad (3.67)$$

Der neue Term F_b/m ist mit (3.65), (3.30) und (3.57)

$$\frac{F_b}{m} = \frac{\Delta m}{m} \cdot \frac{v(t+\Delta t)}{\Delta t} = \frac{\rho_b \Delta \bar{b} \Delta s}{\rho\, \bar{h} \Delta s} \cdot \frac{v(t+\Delta t)}{\Delta t}\,. \qquad (3.68)$$

Mit $\rho_b = \rho$ folgt

$$\frac{F_b}{m} = \frac{1}{\bar{h}} \frac{\Delta \bar{b}}{\Delta t} v(t+\Delta t) \qquad (3.69)$$

und für den Grenzübergang $\Delta t \to 0$

$$\frac{F_b}{m} = \frac{1}{h} \frac{\partial b}{\partial t} v\,. \qquad (3.70)$$

Mit diesem Term wird die Bewegungsgleichung (3.52) laut (3.67) ergänzt

$$\frac{\partial v}{\partial t} = g\left[\sin\beta - \tan\delta \left(\cos\beta + \frac{\kappa v^2}{g} \right) - K_{a/p} \left(\cos\beta + \frac{\kappa v^2}{g} \right) \frac{\partial h}{\partial s} \right] - \frac{1}{h} \frac{\partial b}{\partial t} v\,.$$

$$(3.71)$$

3.6.3 Erosionsgeschwindigkeit

Die Erosion von Material durch die Lawine ist ein sehr komplexer Prozess, der von vielen Größen abhängen kann, z.B. der Partikelgröße, der Menge von (freiem) Wasser, der Größe der durch die Lawine in den Boden eingetragene Schubspannung im Verhältnis zur Festigkeit des ruhenden Materials, Neigungswinkel der Böschung. Es werden also üblicherweise sehr grobe Vereinfachungen angewendet. Pirulli und Pastor (2012) haben wesentliche Modelle zusammengestellt. Hier werden exemplarisch drei einfache Formulierungen behandelt.

Ein mechanisches Modell

Wenn die Schubspannung am Boden der Lawine τ (Abb. 3.23(a)) kleiner ist als die Scherfestigkeit des ruhenden Materials τ_f, wird kein Material mitgerissen. Ist $\tau > \tau_f$, wirkt an der Oberkante der mitgerissenen Masse Δm (Abb. 3.24) die Kraft $\tau \Delta s$ in Bewegungsrichtung und in der Tiefe $\Delta \bar{b}$ die Kraft $\tau_f \Delta s$ entgegen der Bewegung. Die Differenz dieser beiden Kräfte

$$F_b = (\tau - \tau_f) \Delta s \qquad (3.72)$$

beschleunigt die mitgerissene Masse, vgl. Gleichung (3.62). In einem Zeitschritt wird nach (3.65) gerade die Masse

$$\Delta m = \frac{F_b}{v(t + \Delta t)} \Delta t = \frac{\tau - \tau_f}{v(t + \Delta t)} \Delta s \Delta t \qquad (3.73)$$

mitgerissen, welche sich mit der hier gegebenen Kraft F_b auf die Geschwindigkeit $v(t + \Delta t)$ beschleunigen lässt. Aus der Masse Δm kann mit (3.57) die Eintiefung pro Zeiteinheit ermittelt werden

$$\frac{\Delta \bar{b}}{\Delta t} = \frac{\Delta m}{\rho_b \Delta s \Delta t} = \frac{\tau - \tau_f}{\rho \, v(t + \Delta t)} . \qquad (3.74)$$

Für den Grenzübergang $\Delta t \to 0$ folgt

$$\frac{\partial b}{\partial t} = \frac{\tau - \tau_f}{\rho_b v} . \qquad (3.75)$$

Dieses Modell wird mit der Annahme $\rho_b = \rho$ von Medina et al. (2008) als sogenanntes dynamisches Modell vorgeschlagen.

Ein empirisches Modell

Ein für Muren sehr übliches empirisches Modell von McDougall und Hungr (2005) postuliert einen prozentuellen Zuwachs der Masse pro Laufmeter Fließlänge. Dieser Zuwachs wird durch eine von der Geschwindigkeit unabhängige Größe E definiert. So bedeutet z.B. $E = 0,01$ m^{-1} einen Zuwachs der Masse von einem Prozent der Lawinenmasse pro überströmtem Meter. Für ein Lamelle folgt aus dieser Annahme eine Zusatzmasse

$$\Delta m = E\, m \cdot (1\text{ m}) \tag{3.76}$$

bezogen auf die Masse m bei einer Fließlänge von $s = 1$ m. Bewegt sich die Lamelle im Zeitschritt Δt um $s = v\Delta t$ weiter, folgt

$$\Delta m = E\, m v \Delta t. \tag{3.77}$$

Division durch Δt sowie Verwendung von (3.30) und (3.57) ergibt

$$\frac{\rho_b \Delta \bar{b} \Delta s}{\Delta t} = \rho \bar{h} \Delta s E v. \tag{3.78}$$

Mit $\rho_b = \rho$ folgt im Grenzübergang $\Delta t \to 0$

$$\frac{\partial b}{\partial t} = hEv. \tag{3.79}$$

Aus (3.77) folgt durch Umstellen

$$E = \frac{\Delta m}{m v \Delta t} = \frac{\Delta m}{\Delta t} \cdot \frac{1}{mv}, \tag{3.80}$$

was für $\Delta t \to 0$ zu

$$E = \frac{\dot{m}}{mv} \tag{3.81}$$

bzw.

$$\frac{\dot{m}}{m} = Ev \tag{3.82}$$

wird. Die Lösung dieser Differentialgleichung ist

$$\ln(m(t)) - \ln(m_0) = E(s(t) - s_0) \tag{3.83}$$

bzw.

$$\frac{1}{s(t) - s_0} \ln\left(\frac{m(t)}{m_0}\right) = E \tag{3.84}$$

mit der Anfangsmasse m_0 für $t = 0$. Dies ist also ein logarithmischer Zuwachs der Lawinenmasse über den Fließweg.

Die (gesamte) Anbruchmasse der Lawine M_0 wird durch den Masseneintrag über eine Länge S_E zur Masse im Ablagerungsgebiet M_A. Mit diesen Werten kann laut (3.84) der mittlere Parameter $\bar{E}$ abgeschätzt werden

$$\bar{E} = \frac{1}{S_E} \ln \left(\frac{M_A}{M_0} \right).$$ (3.85)

Ein Modell für Schneelawinen

In Schneelawinen erfolgt ein Großteil des Materialeintrages an der Lawinenfront. Im Programm SamosAT (Snow Avalanche MOdelling and Simulation – Advanced Technology) wird deshalb folgender vereinfachter Ansatz verwendet (Sampl 2007).

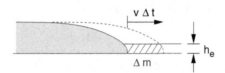

Abb. 3.25 Materialeintrag an der Front der Lawine.

Die Front der Lawine bewegt sich mit der Geschwindigkeit v in den ruhenden Schnee der Höhe h_e, Abb. 3.25. Mit der Dichte ρ_e des eingetragenen Materials folgt die aufgenommene Masse

$$\Delta m = \rho_e h_e v(t)\, \Delta t.$$ (3.86)

Der Term F_b/m der Bewegungsgleichung (3.67) für die Lamelle an der Lawinenfront wird mit (3.65) zu

$$\frac{F_b}{m} = \frac{\Delta m\, v(t+\Delta t)}{m\Delta t} = \frac{\rho_e h_e v(t)\, v(t+\Delta t)}{\rho\, \bar{h}\, \Delta s}.$$ (3.87)

Im Grenzübergang $\Delta t \to 0$ wird das zu

$$\frac{F_b}{m} = \frac{\rho_e h_e}{\rho h}\, v^2\, \frac{1}{\Delta s},$$ (3.88)

worin die Länge Δs die Länge der Frontlamelle ist.

In SamosAT wird noch eine zusätzliche Kraft zum Aufbrechen und Deformieren des Schnees ebenso wie F_b bremsend in der Bewegungsgleichung (3.67) der Frontlamelle angesetzt.

3.6.4 Savage-Hutter Modell

Im Folgenden wird die ursprüngliche eindimensionale Version des SH-Modells (Savage und Hutter 1989) für eine konstante Hangneigung präsentiert (vgl. Pudasaini und Hutter 2006, Kap. 3.2). Sie enthält alle wichtigen Elemente zum Verständnis der Funktionsweise der später entwickelten mehrdimensionalen Modelle, welche heute in Computerprogrammen zur Lawinensimulation, wie z.B. SamosAT (Snow Avalanche MOdelling and Simulation – Advanced Technology), implementiert sind.

Lawinenschnee wird in erster Näherung als granulares Material betrachtet. Wir betrachten das Fließen eines Granulates auf einer geneigten Ebene (Abb. 3.26) in einem ebenen Verzerrungszustand. Die Massen- und Impulserhaltung werden für eine herausgeschnittene Säule der Breite dx in eulerscher Betrachtungsweise (feste Raumkoordinaten) formuliert. Dabei wird vereinfachend angenommen, dass die talwärts gerichtete Geschwindigkeit über die Höhe $h(x,t)$ der Lawine konstant ist: $u = u(x,t)$. Weiters wird die Dichte ρ des Granulates als konstant angenommen.

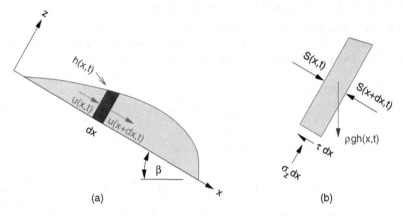

(a)   (b)

Abb. 3.26 Fluss eines granularen Materials auf einer geneigten Ebene: a) Geometrie und infinitesimale Säule, b) Kräfte an der herausgeschnittenen Säule (nach Pudasaini und Hutter 2006, mit Änderungen).

Die Masse der Säule[6] ist

$$\rho h(x,t)dx. \tag{3.89}$$

In die Säule fließt der Massenfluss[7] $\rho h(x,t)u(x,t)$ und aus der Säule heraus $\rho h(x+dx,t)u(x+dx,t)$. Die Differenz dieser Massenflüsse ist die zeitliche Änderung der Masse der Säule

---

[6] Die Säule kann auch als *Kontrollvolumen* betrachtet werden.

[7] Der Massenfluss ist ein Massentransport pro Zeiteinheit. Er ist für einen Querschnitt an der Stelle x mit der Höhe h (und einem Laufmeter Tiefe) gegeben durch die Bewegung der Teilchen, siehe Bild rechts. Die Teilchen haben an der Stelle x die Geschwindigkeit u und bewegen sich damit in der Zeiteinheit Δt um $\Delta x = u\Delta t$ in das Gebiet hinter dem Querschnitt. Es wird also das Volumen $h\Delta x = hu\Delta t$ verschoben und damit die Masse $\rho hu\Delta t$ durch den Querschnitt transportiert. Der Massenfluss als Massentransport pro Zeiteinheit ist damit ρhu.

$$\frac{\partial}{\partial t}(\rho h(x,t)u(x,t))dx = \rho h(x,t)u(x,t) - \rho h(x+dx,t)u(x+dx,t). \qquad (3.90)$$

Eine Taylorreihenentwicklung[8] des zweiten Terms auf der rechten Seite ergibt

$$\frac{\partial}{\partial t}(\rho h(x,t)u(x,t))dx = -\frac{\partial}{\partial x}(\rho h(x,t)u(x,t))dx + \mathcal{O}(dx^2). \qquad (3.91)$$

Da die Dichte als konstant angenommen wurde, ist die Massenerhaltung bei Vernachlässigung der Terme höherer Ordnung

$$\frac{\partial h}{\partial t} + \frac{\partial(hu)}{\partial x} = 0, \qquad (3.92)$$

wobei hier die Argumente (x,t) weggelassen wurden.

Die Impulserhaltung besagt, dass die zeitliche Änderung des Impulses in einer Säule aus dem Implusfluss in die und aus der Säule sowie der Summe der angreifenden Kräfte folgt. Der Impuls[9] einer Säule in x-Richtung ist $\rho h u\,dx$.

- Zeitrate des Impulses:

$$\frac{\partial}{\partial t}\big(\rho h(x,t)u(x,t)\big)dx \qquad (3.93)$$

- Impulsfluss[10] durch die Säulenbegrenzungen:

$$\rho h(x,t)u^2(x,t) - \rho h(x+dx,t)u^2(x+dx,t) = -\frac{\partial}{\partial x}\big(\rho h(x,t)u^2(x,t)\big)dx + \mathcal{O}(dx^2). \qquad (3.94)$$

- Die Kräfte in x-Richtung sind:

  (i) die treibende Komponente der Graviationskraft

$$\rho g h\,dx \sin\beta\,; \qquad (3.95)$$

  (ii) die gegen die Bewegung wirkende Reibungskraft am Boden

$$-\tau\,dx\,; \qquad (3.96)$$

---

[8] Zur Erinnerung: Für eine Funktion $f(x)$ ergibt die Entwicklung

$$f(x+dx) = f(x) + f'(x)dx + \frac{f''(x)}{2!}dx^2 + \frac{f'''(x)}{3!}dx^3 + \ldots = f(x) + f'(x)dx + \mathcal{O}(dx^2).$$

Mit $f(x,t) = h(x,t)u(x,t)$ kann (3.91) leicht nachgerechnet werden.

[9] Impuls ist Masse mal Geschwindigkeit, hier also $\rho h\,dx \cdot u$, mit dem Volumen pro Laufmeter Tiefe $h\,dx$.

[10] Der Impulsfluss ist Impuls mal Geschwindigkeit, so wie der Massenfluss Masse mal Geschwindigkeit ist.

(iii) die Summe der Kräfte an den Säulenbegrenzungen $S(x,t) - S(x+dx,t)$

$$\int\limits_0^{h(x,t)} \sigma_x(x,z,t)\,dz - \int\limits_0^{h(x+dx,t)} \sigma_x(x+dx,z,t)\,dz, \qquad (3.97)$$

wobei σ_x die Normalspannung in zur Ebene senkrechten Schnitten bezeichnet. Die senkrecht zur geneigten Ebenen wirkende Normalspannung folgt aus einem Kräftegleichgewicht in z-Richtung

$$\sigma_z(x,z,t) = \rho g\big(h(x,t) - z\big)\cos\beta. \qquad (3.98)$$

Die hangparallele Normalspannung σ_x wird wie in der Bodenmechanik üblich mittels Erddruckkoeffizienten

$$\sigma_x = K_{a/p}\sigma_z \qquad (3.99)$$

ermittelt, worin gilt

$$K_{a/p} = \begin{cases} K_a & \text{für } \partial u/\partial x > 0 \text{ (Dehnung: aktiver Erddruck)} \\ K_p & \text{für } \partial u/\partial x < 0 \text{ (Stauchung: passiver Erddruck)} \end{cases}. \qquad (3.100)$$

Einsetzen von (3.99) und (3.98) in (3.97) ergibt

$$K_{a/p}\rho g\frac{h^2(x,t)}{2}\cos\beta - K_{a/p}\rho g\frac{h^2(x+dx,t)}{2}\cos\beta \qquad (3.101)$$

und mittels Taylorentwicklung

$$-\frac{\rho g}{2}\frac{\partial}{\partial x}\big(K_{a/p}h^2(x,t)\big)\cos\beta\,dx + \mathscr{O}(dx^2). \qquad (3.102)$$

Die Reibung zwischen Lawine und Boden wird mit einem Bettreibungswinkel δ modelliert, d.h. $\tau = \sigma_z\tan\delta$. Damit und mit (3.98) für $z = 0$ wird (3.96) zu

$$-\tau\,dx = -\text{sgn}(u)\rho gh(x,t)\cos\beta\tan\delta\,dx, \qquad (3.103)$$

wobei mit $\text{sgn}(u)$ sichergestellt wird, dass die Reibungskraft entgegen der Geschwindigkeit wirkt.

Die Summe der Kräfte in x-Richtung ist also aus (3.95), (3.102) und (3.103)

$$\left\{\rho gh(x,t)(\sin\beta - \text{sgn}(u)\tan\delta\cos\beta) - \frac{\rho g}{2}\frac{\partial}{\partial x}\big(K_{a/p}h^2(x,t)\big)\cos\beta\right\}dx + \mathscr{O}(dx^2). \qquad (3.104)$$

Die Impulserhaltung ist (3.93) = (3.94) + (3.104) und wird bei Division durch den überall vorkommenden Faktor $\rho\,dx$ zu

$$\frac{\partial(hu)}{\partial t} + \frac{\partial(hu^2)}{\partial x} = g\left\{(\sin\beta - \mathrm{sgn}(u)\tan\delta\cos\beta)h - \frac{1}{2}\frac{\partial(K_{a/p}h^2)}{\partial x}\cos\beta\right\}.$$

$$(3.105)$$

Das System der partiellen Differentialgleichungen (3.92) und (3.105) sind die sogenannten SAVAGE-HUTTER Gleichungen für den Fluss eines Granulates auf einer geneigten Ebene. Die Gleichungen sind so in der sogenannten konservativen Form angeschrieben, die Vorteile bei der numerischen Integration bringt. Die linke Seite von (3.105) wird mittels Produktregel

$$\frac{\partial(hu)}{\partial t} + \frac{\partial([hu]u)}{\partial x} = \frac{\partial h}{\partial t}u + h\frac{\partial u}{\partial t} + \frac{\partial(hu)}{\partial x}u + hu\frac{\partial u}{\partial x} \qquad (3.106)$$

und bei Verwendung der Massenerhaltung (3.92) zu

$$\frac{\partial(hu)}{\partial t} + \frac{\partial(hu^2)}{\partial x} = h\frac{\partial u}{\partial t} + hu\frac{\partial u}{\partial x}. \qquad (3.107)$$

Differenzieren des zweiten Termes auf der rechten Seite von (3.105), Division durch h und wiedereinsetzen der Dichte ρ ergibt die Impulserhaltung in der Form

$$\rho\left(\frac{\partial u}{\partial t} + u\frac{\partial u}{\partial x}\right) = \rho g(\sin\beta - \mathrm{sgn}(u)\tan\delta\cos\beta) - \rho g K_{a/p}\frac{\partial h}{\partial x}\cos\beta, \qquad (3.108)$$

in der das zweite Newtonsche Gesetz deutlich wird (vgl (3.42), S. 120, mit $\kappa = 0$ und $s = x$). Die linke Seite ist $\rho\dot{u}$ in Eulerkoordinaten[11]

$$\dot{u} = \frac{\partial u}{\partial t} + u\frac{\partial u}{\partial x} \qquad (3.109)$$

(vgl. Anhang A.4), der erste Term auf der linken Seite entspricht dem Reibungsblockmodell[12] (3.18). Der dritte Term beschleunigt den vorderen Teil der Lawine (mit fallender Dicke h in Fließrichtung) und bremst den hinteren Teil (steigende Dicke in Fließrichtung), Abb. 3.21. Dieser Term bewirkt also die geometrische Veränderung der Lawine während des Absturzes.

Das SH-Modell wurde in mehrdimensionaler Form z.B. im Programm SAMOS (Snow Avalanche MOdeling and Simulation) implementiert. Hier wird auch Erosion, Deposition sowie ein möglicher Staublawinenanteil berücksichtigt. Das Reibungsgesetz für die Bettreibung ist durch einen viskosen Term ergänzt. Ein Beispiel für ein Berechnungsergebnis wird in Abb. 3.27 im Vergleich zur Realität gezeigt.

Die noch fehlenden Erddruckkoeffizienten können wie in Abschnitt 3.6.1 mithilfe Abb. 3.23 (S. 123) bestimmt werden. Dazu setzen wir $\sigma_z = \sigma_n$ und $\sigma_x = \sigma_t$ und erhalten die Erddruckbeiwerte aus (3.49).

---

[11] Substantielle Ableitung $\frac{\partial u}{\partial t}$ plus konvektiver Term $u\frac{\partial u}{\partial x}$.

[12] Setze hier $\dot{v} = \dot{u}$, $\mu = \tan\delta$ und $\mathrm{sgn}(u) = 1$.

Abb. 3.27 Künstlich ausgelöste Lawine, Tarntaler Köpfe, Wattener Lizum, Tirol, 25.4.2007: (a) Berechnung mit SAMOS-AT (farbig: Fließtiefe); (b) Bild kurz nach dem Abgang (aus: Sailer et al. 2008).

3.7 Ergänzung für Gerölllawinen, Muren und Schlammlawinen

Solange bei Lawinen aus Bodenmaterial kein Wasser im Spiel ist, sind die bereits vorgestellten Modelle weiterhin gültig. Insbesondere sind die kontinuumsmechanischen Modelle (wie das Savage-Hutter-Modell, Abschnitt 3.6.4) gerade mit Sandlawinen im Labor gut validiert worden.

Bei Muren und Schlammlawinen stürzt allerdings eine Mischung aus Feststoff und Wasser ins Tal. Wenn diese Mischung wassergesättigt ist, können sich Porenwasserdrücke aufbauen und damit das Fließverhalten entscheidend verändern.

Im Bodenreibungsmodell (3.54) müssen nun effektive Spannungen verwendet werden (vgl. Anhang A.1.4)

$$\tau = \sigma_n' \tan \delta. \tag{3.110}$$

Die effektive Normalspannung ergibt sich aus der totalen Normalspannung, welche sich aus dem Gewicht des Feststoffes inklusive dem Wasser ergibt, abzüglich dem Porenwasserdruck

$$\sigma_n' = \sigma_n - u. \tag{3.111}$$

Die totale Spannung σ_n wird mit der Dichte des wassergesättigten Materials $\rho_r = (1-n)\rho_s + n\rho_w$ berechnet, worin n der Porenanteil ist (vgl. Anhang A.1.4).

Zur Berechnung der effektiven Spannung wird oft das sogenannte Porenwasserdruckverhältnis r_u eingeführt

$$\sigma_n' = \sigma_n - u = \sigma_n \left(1 - \frac{u}{\sigma_n}\right) = \sigma_n(1 - r_u). \tag{3.112}$$

Das Porenwasserdruckverhältnis r_u wird dann (grob) vereinfacht als konstant angesetzt. Eigentlich ergibt sich der Porenwasserdruck aber aus dem mechanischen Verhalten des Gemisches während des Fließens. Dazu müsste aber ein Materialmodell in die Formulierungen der Bewegungsgleichungen eingebaut werden.

Mit der Annahme eines konstanten Porenwasserdruckverhältnisses als weiterer Eingangsparameter für die Berechnung kann ein reduzierter Bodenreibungswinkel δ_b definiert werden

$$\tau = \sigma_n' \tan\delta = \sigma_n(1 - r_u)\tan\delta = \sigma_n \tan\delta_b\,, \qquad (3.113)$$

mit $\tan\delta_b = (1 - r_u)\tan\delta$. Damit wird es möglich, auch Programme für trockene Massenströme zur Berechnung von Muren zu verwenden. Es muss aber klar sein, dass das Ergebnis einer solchen Berechnung nur als sehr grobe Näherung verstanden werden darf.

Anhang A
Mechanische Grundlagen

A.1 Einfache Beispiele zu Spannungen und Verzerrungen

In diesem Abschnitt werden keine allgemeinen Herleitungen zu Spannungen und Verzerrungen gegeben, sondern einfache Beispiele dargelegt, anhand derer diese grundlegenden Begriffe verständlich werden sollten. Für ein tieferes Verständnis ist ein Studium der Kontinuumsmechanik unumgänglich (z.B. in den Lehrbüchern Mang und Hofstetter 2008; Stark 2006). Allerdings sind die Vorzeichenkonventionen in der Mechanik anders als hier. In der allgemeinen Mechanik sind Zugspannungen und Dehnungen positiv, hier sind Druckspannungen und Stauchungen positiv. Das verursacht einige subtile Unterschiede.

A.1.1 Spannungen

Im einaxialen Druckversuch können die Spannungen sehr leicht und anschaulich ermittelt werden. Ein horizontaler Schnitt durch die Probe (Abb. A.1) legt die Schnittkraft F frei, welche aus Gleichgewichtsgründen gleich der einwirkenden Druckkraft ist. In der Schnittfläche führen wir ein Koordinatensystem ein, mit der x_1-Achse normal zur Schnittfläche und der x_2-Achse in der Schnittfläche. Die x_1-Achse zeigt dabei nach außen. Das System ist in der Zeichenebene linksdrehend, d.h. die x_3-Achse geht aus der Ebene heraus. Die Schnittfläche A ist in diesem Beispiel ein Quadrat mit der Kantenlänge b, also $A = b^2$.

Wird eine homogene Probe vertikal zusammengedrückt und kann sich dabei frei zur Seite bewegen (z.B. durch geschmierte Belastungsplatten oder näherungsweise in der Mitte einer entsprechend schlanken Probe), ist die Normalspannung in diesem Schnitt gleichverteilt und folgt einfach aus

$$\sigma_{11} = \frac{F}{A},\qquad\text{(A.1)}$$

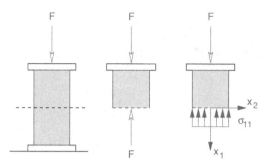

Abb. A.1 Normalspannung im einaxialen Druckversuch.

wobei der erste Index die Richtung des Normalvektors der Schnittfläche, also x_1, und der zweite Index die Richtung der Spannung, also auch x_1, angibt.

Weil hier Druckspannungen als positiv definiert sind, wirkt die positive Spannung entgegen der Koordinatenrichtung. Da F normal auf die Schnittfläche steht, entsteht auch keine Schubspannung.

Ein vertikaler Schnitt durch die Probe legt keine Schnittkraft frei, da keine horizontalen Belastungen vorhanden sind. Die horizontale Spannung ist also

$$\sigma_{22} = 0. \tag{A.2}$$

Die Schubspannung ist ebenfalls Null.

Die Komponenten des Spannungstensors in dem durch den horizontalen Schnitt gewählten Koordinatensystem sind demnach

$$\sigma = \begin{pmatrix} \sigma_{11} & \sigma_{12} \\ \sigma_{21} & \sigma_{22} \end{pmatrix} = \frac{F}{A} \begin{pmatrix} 1 & 0 \\ 0 & 0 \end{pmatrix}. \tag{A.3}$$

Auf Angabe der Komponenten σ_{33} und τ_{13} (in Schnitten parallel zur Zeichenebene, bzw. normal zu x_3) wird hier verzichtet. Diese sind aufgrund der Symmetrie gleich σ_{22} bzw. τ_{12}. Da keine Schubspannungen auftreten, sind die Normalspannungen in (A.3) Hauptspannungen.

Ein um β zur Horizontalen gedrehter gedanklicher Schnitt (Abb. A.2) legt die Schnittkraft F frei, welche wieder gleich der einwirkenden Druckkraft ist.

Die Schnittkraft F kann in eine Normal- und in eine Tangentialkomponente aufgespalten werden

$$F_n = F \cos\beta \quad , \quad F_t = F \sin\beta. \tag{A.4}$$

Die Achsen des Koordinatensystems in der gedrehten Schnittfläche nennen wir x_1' (in Richtung des Normalvektors) und x_2'. Die schiefe Kantenlänge der Schnittfläche ist $b' = b/\cos\beta$. Damit gilt $A' = b \cdot b' = A/\cos\beta$. Die Normalspannung auf der Schnittfläche ergibt sich damit zu

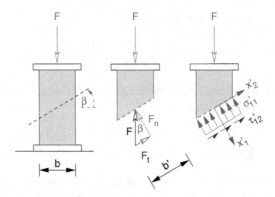

Abb. A.2 Spannungen in einem schiefen Schnitt.

$$\sigma'_{11} = \frac{F_n}{A'} = \frac{F}{A}\cos^2\beta . \tag{A.5}$$

Die Druckspannung σ'_{11} ist positiv und wirkt entgegen der Koordinatenrichtung x_1. Die Schubspannung in der Schnittfläche ist

$$\tau'_{12} = -\frac{F_t}{A'} = -\frac{F}{A}\sin\beta\cos\beta . \tag{A.6}$$

Die Schubspannung ist negativ, weil sie in Richtung der x_2 Achse wirkt, vgl. Abschn. A.1.2.

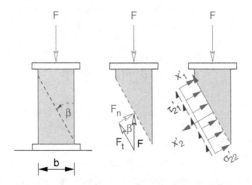

Abb. A.3 Spannungen in einem Schnitt unter 90 Grad zum Schnitt in Abb. A.2.

Der Schnitt unter 90 Grad zur vorigen Schnittebene (Abb. A.3) hat die Kantenlänge $b' = b/\sin\beta$. Nun liegt die x'_2-Achse in Richtung des Normalvektors, und die Richtung der x'_1 Achse ergibt sich aus der Forderung eines linksdrehenden Systems. Die Komponenten der Schnittkraft F sind

$$F_n = F\sin\beta \quad , \quad F_t = F\cos\beta . \tag{A.7}$$

Mit $A' = A/\sin\beta$ sind die Spannungen

$$\sigma'_{22} = \frac{F_n}{A'} = \frac{F}{A}\sin^2\beta \quad , \quad \tau'_{21} = -\frac{F_t}{A'} = -\frac{F}{A}\cos\beta\sin\beta = \tau'_{12}. \qquad (A.8)$$

Damit sind die Komponenten des Spannungstensors in dem durch den gedrehten Schnitt definierten Koordinatensystem

$$\sigma' = \begin{pmatrix} \sigma'_{11} & \sigma'_{12} \\ \sigma'_{21} & \sigma'_{22} \end{pmatrix} = \frac{F}{A}\begin{pmatrix} \cos^2\beta & -\cos\beta\sin\beta \\ -\cos\beta\sin\beta & \sin^2\beta \end{pmatrix}. \qquad (A.9)$$

Dieser Spannungstensor beschreibt denselben Spannungszustand wie (A.3)! Die Komponenten des Spannungstensors sind von der Wahl des Koordinatensystems abhängig.

Den Spannungstensor im gedrehten System erhält man auch über die allgemeine Transformationsbeziehung

$$\sigma' = \mathbf{Q}\sigma\mathbf{Q}^\mathsf{T}, \qquad (A.10)$$

mit der Drehmatrix

$$\mathbf{Q} = \begin{pmatrix} \cos\beta & \sin\beta \\ -\sin\beta & \cos\beta \end{pmatrix}. \qquad (A.11)$$

Das ist für unser Beispiel

$$\sigma' = \begin{pmatrix} \cos\beta & \sin\beta \\ -\sin\beta & \cos\beta \end{pmatrix}\frac{F}{A}\begin{pmatrix} 1 & 0 \\ 0 & 0 \end{pmatrix}\begin{pmatrix} \cos\beta & -\sin\beta \\ \sin\beta & \cos\beta \end{pmatrix} \qquad (A.12)$$

$$\sigma' = \frac{F}{A}\begin{pmatrix} \cos\beta & \sin\beta \\ -\sin\beta & \cos\beta \end{pmatrix}\begin{pmatrix} \cos\beta & -\sin\beta \\ 0 & 0 \end{pmatrix} \qquad (A.13)$$

$$\sigma' = \frac{F}{A}\begin{pmatrix} \cos^2\beta & -\cos\beta\sin\beta \\ -\cos\beta\sin\beta & \sin^2\beta \end{pmatrix}. \qquad (A.14)$$

A.1.2 Vorzeichenkonventionen

Werden Druckspannungen als positiv betrachtet, ist eine Spannungskomponente σ_{ij} positiv, wenn sie gegen die Koordinatenrichtung wirkt an einer Schnittfläche deren nach außen zeigender Normalvektor n in die positive Koordinatenrichtung zeigt (siehe A.4), bzw. wenn sie in Koordinatenrichtung wirkt an einer Schnittfläche deren Normalvektor n gegen die Koordinatenrichtung zeigt. Das heißt, dass die Vorzeichen aller Spannungskomponenten anders sind als in den meisten Büchern der allgemeinen Mechanik bzw. Kontinuumsmechanik.[1]

---

[1] Oft wird nur das Vorzeichen der Normalspannungskomponenten geändert. Dann können allerdings die allgemeinen Transformationsbeziehungen (A.10) nicht mehr angewendet werden.

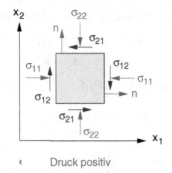

Abb. A.4 Richtungen der Spannungskomponenten für die Definition, dass Druckspannungen positiv sind.

A.1.3 Gleichgewichtsbedingung

Ein Körper ist im (statischen) Gleichgewicht, wenn er sich nicht bewegt, wie der Block in Abb. A.5(a). Von der Unterlage drückt die Kraft $F + G$ nach oben, um die Belastung F und das Eigengewicht G des Körpers zu balancieren.

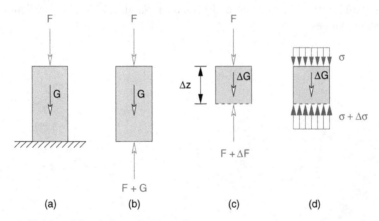

Abb. A.5 Gleichgewicht, eindimensionaler Fall.

Schneiden wir nun gedanklich den Körper im Abstand Δz von der Oberkante. Dabei legen wir eine Schnittkraft frei, wobei diese wieder gleich groß wie die darüber wirkende Kräfte sein muss

$$F + \Delta F = F + \Delta G. \tag{A.15}$$

Die Teilgewichtskraft ist

$$\Delta G = \rho g A \Delta z, \tag{A.16}$$

wobei A der Querschnitt des Teilblockes ist und $A\,\Delta z$ das Volumen. Aus (A.15) folgt

$$\frac{F}{A} + \frac{\Delta F}{A} = \frac{F}{A} + \frac{\Delta G}{A} \tag{A.17}$$

und mit (A.16), $\sigma = F/A$ und $\Delta\sigma = \Delta F/A$

$$\sigma + \Delta\sigma = \sigma + \rho g\,\Delta z. \tag{A.18}$$

Das ergibt

$$\frac{\Delta\sigma}{\Delta z} = \rho g \tag{A.19}$$

und im Grenzübergang $\Delta z \to 0$ (vgl. (A.85))

$$\frac{\partial\sigma}{\partial z} = \rho g. \tag{A.20}$$

Für ein ebenes Problem wie der Berechnung des Schneedruckes (Abschnitt 2.13) schneiden wir einen Quader mit den Kantenlängen $\Delta x_1 = \Delta x_2$ sowie Δx_3 senkrecht zur Zeichenebene aus der Schneeschicht frei, Abb. A.6(a). Das Volumen des Quaders ist $\Delta x_1\,\Delta x_2\,\Delta x_3$. Da sich quer zum Hang (x_3-Richtung) keine Größen (wie Spannung und Verformungen) ändern, ist die Größe von Δx_3 unerheblich. Wir setzen deshalb einfach $\Delta x_3 = 1$ m und berechnen damit alle Kräfte pro Laufmeter Breite des Hanges.

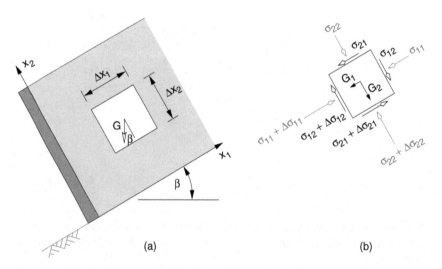

(a)   (b)

Abb. A.6 Gleichgewicht, zweidimensionaler Fall (ebenes Problem).

Die Gewichtskraft des Quaders ist

$$G = \rho g\,\Delta x_1\,\Delta x_2. \tag{A.21}$$

Diese Kraft wird in die Komponenten normal und parallel zum Hang aufgeteilt

$$G_1 = G \sin \beta \qquad (A.22)$$

$$G_2 = G \cos \beta, \qquad (A.23)$$

siehe Abb. A.6(b). Die Normalkräfte am Quader sind jeweils die Normalspannung mal der Kantenlänge, z.B. $\sigma_{11} \Delta x_2$. Die Schubkräfte sind entsprechend z.B. $\sigma_{12} \Delta x_2$. Damit sich der Quader nicht in x_1-Richtung bewegt, muss die Summe der Kräfte[2] in x_1-Richtung gleich Null sein

$$\sigma_{11} \Delta x_2 + G_1 - (\sigma_{11} + \Delta \sigma_{11}) \Delta x_2 + \sigma_{21} \Delta x_1 - (\sigma_{21} + \Delta \sigma_{21}) \Delta x_1 = 0. \qquad (A.24)$$

Dies wird mit (A.22) und (A.21) zu

$$\Delta \sigma_{11} \Delta x_2 + \Delta \sigma_{21} \Delta x_1 = G \sin \beta = \rho g \sin \beta \, \Delta x_1 \Delta x_2 \qquad (A.25)$$

bzw.

$$\frac{\Delta \sigma_{11}}{\Delta x_1} + \frac{\Delta \sigma_{21}}{\Delta x_2} = \rho g \sin \beta, \qquad (A.26)$$

und im Grenzübergang $\Delta x_1 \to 0 \; \Delta x_2 \to 0$

$$\frac{\partial \sigma_{11}}{\partial x_1} + \frac{\partial \sigma_{21}}{\partial x_2} = \rho g \sin \beta. \qquad (A.27)$$

Aus der Summe der Kräfte in x_2-Richtung folgt in selber Weise

$$\frac{\partial \sigma_{12}}{\partial x_1} + \frac{\partial \sigma_{22}}{\partial x_2} = \rho g \cos \beta. \qquad (A.28)$$

Die Schubkräfte $\sigma_{12} \Delta x_2$ und $\sigma_{21} \Delta x_1$ sowie jene auf den gegenüberliegenden Schnittufern müssen jeweils gleich groß sein, sonst würde sich der Quader drehen, d.h. das sogenannte Momentengleichgewicht muss erfüllt sein. Daraus folgt

$$\sigma_{12} = \sigma_{21}, \qquad (A.29)$$

also die Symmetrie des Spannungstensors.

A.1.4 Effektive Spannungen

In einem wassergesättigten Boden wirken eine Spannung im Korngerüst σ' und der Druck u im Wasser. Diese bilden in Summe die total Spannung

---

[2] Die Spannung σ_{31} ändert sich nicht in x_3 Richtung, da es sich hier um ein ebenes Problem handelt. Damit ist $\Delta \sigma_{31} = 0$ und die daraus resultierende Schubkraftdifferenz in der Summe der Kräfte ebenso, weshalb σ_{13} erst gar nicht berücksichtigt wurde.

$$\sigma = \sigma' + u. \tag{A.30}$$

Das Prinzip der effektiven Spannungen

Nach dem Prinzip der effektiven Spannungen (von Terzaghi) ist für die Verformungen und die Festigkeit des Bodens nur die effektive Spannung zuständig und nicht der Porenwasserdruck (vgl. z.B. Kolymbas 2007, Kap.6.8).

Dieses Prinzip kann leicht persönlich erfahren werden, wenn ein Loch in die Vakuumverpackung eines Kaffees gestochen wird. Vor der Beschädigung wirkt der atmosphärische Druck $p \approx 100$ kPa auf die Packung und der Porenluftdruck in der Packung ist $u \approx 0$. In dem trockenen Granulat des Kaffees ist der Porenluftdruck der Vertreter für den Wasserdruck eines wassergesättigten Bodens. Die totale Spannung[3] im Kaffee ist $\sigma = p$ und die effektive Spannung ist $\sigma' = \sigma - u = p - 0 = p$. Die Packung ist steinhart, was mechanisch bedeutet, dass sich die Körner des Kaffees (sehr schwer) gegeneinander verschieben lassen. Das heißt, der Kaffee in der Vakuumverpackung hat eine große Scherfestigkeit. Da Kaffee ein Granulat ist, kann die Scherfestigkeit mittels eines Coulombschen Reibungsansatzes beschrieben werden

$$\tau_f = \sigma' \tan \varphi, \tag{A.31}$$

mit dem Reibungswinkel φ. Für $\varphi = 30°$ ist $\tau_f = 100 \cdot \tan 30° = 58$ kPa.[4]

Stechen wir nun ein Loch in die Packung, gleicht sich der Porenluftdruck dem Außendruck an: $u = p$. Damit verschwindet die effektive Spannung $\sigma' = \sigma - u = p - p = 0$ und die Scherfestigkeit geht gegen Null. Deshalb fühlt sich die angestochene Packung dann schlaff an,[5] und der Kaffee ist "weiches" Pulver.

Dichte eines Boden-Wasser-Gemisches

Für ein Volumen V einer wassergesättigten Mischung aus Boden und Wasser ist die Gesamtmasse $m = m_s + m_w$, d.h. die Summe aus der Masse der Körner m_s und der Masse des Wassers m_w. Die zugehörigen Volumenanteile V_s der Körner sowie V_w des Wassers ergeben in Summe das Volumen $V = V_s + V_w$. Die Dichte der Mischung ist

$$\rho_r = \frac{m_s + m_w}{V} = \frac{\rho_s V_s + \rho_w V_w}{V}, \tag{A.32}$$

---

[3] Eigentlich ist die Spannung ein Tensor. Hier liegt aber ein hydrostatischer Spannungszustand vor, d.h. alle drei Hauptspannungen sind gleich. Wir bezeichnen eine davon als σ.

[4] Das entspricht jenem Druck, den das Gewicht von 58 Personen zu je 100 kg auf einen Quadratmeter ausübt.

[5] Wegen gewisser Verzahnungseffekte behält der Kaffee zunächst noch etwas Festigkeit. Aber nach einer kleinen Störung (Deformation) ist diese dann auch verschwunden.

mit den Dichten der einzelnen Fraktionen: Dichte des Wassers ρ_w und Korndichte des Bodens ρ_s. Der Porenanteil

$$n = \frac{V_p}{V}, \qquad (A.33)$$

als Quotient des Porenvolumens V_p zum Gesamtvolumen V, ist für ein wasserge-sättigtes Gemisch $n = V_w/V$, da das Porenvolumen völlig mit Wasser gefüllt ist und damit gleich dem Volumen des Wassers ist. Weiters gilt $V_S = V - V_w$ und damit folgt aus (A.32)

$$\rho_r = (1-n)\rho_s + n\rho_w. \qquad (A.34)$$

A.1.5 Verzerrungen

Einaxiale Überlegungen

Die Vertikalverformungen in einem einaxialen Druckversuch sind in Abb. A.7 dar-gestellt. Die ursprüngliche Probenhöhe h_0 verkürzt sich um die Kopfplattenverschie-bung $s = u(h)$ auf die deformierte Probenhöhe $h = h_0 - s = h_0 - u(h)$. Die Vertikal-verschiebung des obersten Punktes der Probe ist

$$u(h) = h_0 - h. \qquad (A.35)$$

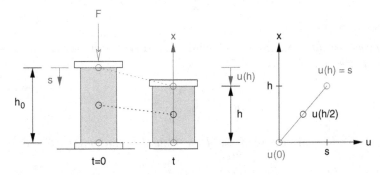

Abb. A.7 Stauchung einer Probe im einaxialen Druckversuch.

Eine homogene Probe wird über ihre Höhe gleichmäßig gestaucht (vgl. die Än-derung der Positionen der drei Materialpunkte in Abb. A.7). Zum Beispiel ist die Verschiebung u eines Punktes auf halber Höhe gleich der halben Verschiebung der Kopfplatte: $u(h/2) = u(h)/2$. Die Vertikalverschiebung als Funktion des Ortes x ist

$$u(x) = \frac{u(h)}{h}x = \frac{s}{h}x. \qquad (A.36)$$

Dieser Zusammenhang ist als Gerade in Abb. A.7-rechts dargestellt. Die Steigung
dieser Geraden ist

$$\frac{\partial u(x)}{\partial x} = \frac{\partial}{\partial x}\left(\frac{s}{h}x\right) = \frac{s}{h}. \tag{A.37}$$

Ein Maß für die (homogene) Verformung der Probe ist die sogenannte *Eulersche
Verzerrung*

$$e := \frac{1}{2}\frac{h_0^2 - h^2}{h^2}. \tag{A.38}$$

Mit $h_0^2 - h^2 = (h+s)^2 - h^2 = h^2 + 2hs + s^2 - h^2 = 2hs + s^2$ folgt

$$e = \frac{s}{h} + \frac{1}{2}\left(\frac{s}{h}\right)^2 \tag{A.39}$$

und mit (A.37)

$$e = \frac{\partial u}{\partial x} + \frac{1}{2}\left(\frac{\partial u}{\partial x}\right)^2. \tag{A.40}$$

Für kleine Verformungen ist $\frac{\partial u}{\partial x} \ll 1$ und deswegen $\left(\frac{\partial u}{\partial x}\right)^2 \ll \frac{\partial u}{\partial x}$. Der quadratische
Term kann vernachlässigt werden. Es folgt die *linearisierte Verzerrung*

$$\varepsilon = \frac{\partial u}{\partial x}, \tag{A.41}$$

die mit (A.37) zu

$$\varepsilon = \frac{s}{h} = \frac{h_0 - h}{h} = \frac{h_0}{h} - 1 \tag{A.42}$$

geschrieben werden kann.

Die *ingenieurmäßige Stauchung* ist definiert als Höhenänderung bezogen auf die
ursprüngliche Höhe (vgl. Abb. A.7)

$$\varepsilon := \frac{s}{h_0} = \frac{h_0 - h}{h_0} = 1 - \frac{h}{h_0}. \tag{A.43}$$

Für große Verformungen wird oft das *logarithmische Stauchungsmaß*[6] verwendet

$$\varepsilon^{\ln} := \ln\left(\frac{h_0}{h}\right) = \ln\left(\frac{h + u(h)}{h}\right) = \ln(1 + \varepsilon) \tag{A.44}$$

$$= \ln\left(\frac{h_0}{h_0 - u(h)}\right) = \ln\left(\frac{1}{1 - \frac{u(h)}{h_0}}\right) = \ln\left(\frac{1}{1 - \varepsilon}\right). \tag{A.45}$$

---

[6] Werden Dehnungen als positiv betrachtet, wird das logarithmische Dehnungsmaß eingeführt
$\varepsilon^{\ln} := \ln\left(\frac{h}{h_0}\right) = -\ln\left(\frac{h_0}{h}\right)$.

Die drei Stauchungsmaße sind für kleine Verformungen ungefähr gleich groß, vgl. Tabelle A.1.

h_0 cm	$s = u(h)$ cm	h cm	ε %	ε %	$\varepsilon^{\ln}$ %
10	0,01	9,99	0,1	0,1	0,1
10	0,1	9,9	1,01	1	1,01
10	1	9	11,11	10	10,54
10	2	8	25	20	22,31
10	3	7	42,86	30	35,67
10	4	6	66,67	40	51,08

Tabelle A.1 Unterschied zwischen der linearisierten Verzerrung ε, der ingenieurmäßigen Stauchung ε und dem logarithmischen Stauchungsmaß $\varepsilon^{\ln}$ für einen einaxialen Druckversuch in Abb. A.7.

Vorzeichenkonventionen: Weil wir Stauchungen als positiv definiert haben, ist eine Verschiebung positiv, wenn sie entgegen der Koordinatenrichtung wirkt. Das heißt eine Verschiebung eines Materialpunktes ist seine ursprüngliche Position minus seiner aktuellen Position, vgl. (A.35) worin h_0 die ursprüngliche Position des obersten Punktes der Probe ist und h die aktuelle Position in der verformten Probe.

Geometrische Bedeutung der linearisierten Verzerrung

Führen wir nun ein Koordinatensystem (x_1, x_2) ein, Abb. A.8. Die Stempelverschiebung ist $s = u_2(h)$. Eine vertikale Strecke in der Probe wird um $\Delta u_2 = u_2(x_1 + \Delta x_1) - u_2(x_1)$ auf die verformte Länge Δx_2 verkürzt. Diese Verkürzung bezogen auf die verformte Länge ist $\Delta u_2/\Delta x_2$. Für den Grenzübergang $\Delta x_2 \to 0$ folgt

$$\lim_{\Delta x_2 \to 0} \frac{\Delta u_2}{\Delta x_2} = \lim_{\Delta x_2 \to 0} \frac{u_2(x_2 + \Delta x_2) - u_2(x_2)}{\Delta x_2} = \frac{\partial u_2}{\partial x_2} = \varepsilon_{22}, \tag{A.46}$$

die linearisierte Vertikalverzerrung.

Dieselbe Überlegung kann auch für eine horizontale Strecke durchgeführt werden und führt auf

$$\lim_{\Delta x_1 \to 0} \frac{u_1(x_1 + \Delta x_1) - u_1(x_1)}{\Delta x_1} = \frac{\partial u_1}{\partial x_1} = \varepsilon_{11}. \tag{A.47}$$

Der Scherwinkel γ kann an der einfachen volumskonstanten Scherung in Abb. A.9 veranschaulicht werden. Die Horizontalverschiebung auf Höhe Δx_2 ist $u_1(\Delta x_2)$ und in der Grundfläche des Quaders $u_1(0) = 0$. Die Vertikalverschiebung $u_2 = 0$. Für den Winkel γ zwischen dem unverformten und dem verformten Rand des Körpers gilt

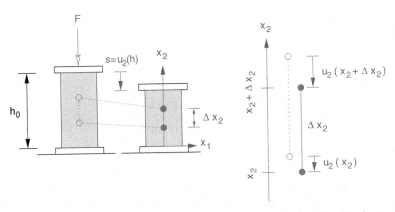

Abb. A.8 Stauchung einer Probe und einer vertikalen Strecke Δx_2 im einaxialen Druckversuch.

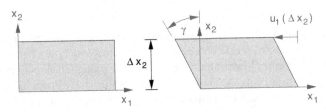

Abb. A.9 Gleitung (Scherwinkel) γ bei volumskonstanter Einfachscherung.

$$\tan \gamma = \frac{u_1(\Delta x_2) - u_1(0)}{\Delta x_2} = \frac{\Delta u_1}{\Delta x_2}. \qquad (A.48)$$

Für kleine Winkel gilt $\gamma \approx \tan \gamma$, und mittels Grenzübergang $\Delta x_2 \to 0$ folgt

$$\gamma = \lim_{\Delta x_2 \to 0} \frac{\Delta u_1}{\Delta x_2} = \frac{\partial u_1}{\partial x_2}. \qquad (A.49)$$

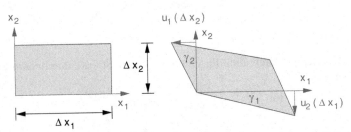

Abb. A.10 Gleitung γ_{12} in allgemeiner volumskonstanter Scherung.

Bei einer zusätzlichen Vertikalverschiebung $u_2(x_1)$ (Abb. A.10) treten zwei Winkeländerungen auf

$$\tan \gamma_2 = \frac{u_1(\Delta x_2) - u_1(0)}{\Delta x_2} = \frac{\Delta u_1}{\Delta x_2}, \tag{A.50}$$

$$\tan \gamma_1 = \frac{u_2(\Delta x_1) - u_2(0)}{\Delta x_1} = \frac{\Delta u_2}{\Delta x_1}. \tag{A.51}$$

Der Winkel zwischen dem unverformten und dem verformten Rand des Körpers ist $\gamma_1 + \gamma_2$. Für kleine Winkel gilt wieder $\gamma_1 \approx \tan \gamma_1$ und $\gamma_2 \approx \tan \gamma_2$, und für $\Delta x_1 \to 0$ sowie $\Delta x_2 \to 0$ folgt

$$\gamma_{12} = \gamma_1 + \gamma_2 = \frac{\partial u_2}{\partial x_1} + \frac{\partial u_1}{\partial x_2}. \tag{A.52}$$

Definieren wir nun

$$\varepsilon_{ij} = \frac{1}{2}\left(\frac{\partial u_i}{\partial x_j} + \frac{\partial u_j}{\partial x_i}\right), \tag{A.53}$$

so erhalten wir z.B. für $i = j = 2$

$$\varepsilon_{22} = \frac{1}{2}\left(\frac{\partial u_2}{\partial x_2} + \frac{\partial u_2}{\partial x_2}\right) = \frac{\partial u_2}{\partial x_2}, \tag{A.54}$$

die Vertikalstauchung in Abb. A.8, vgl. (A.46). Für $i = 1$ und $j = 2$

$$\varepsilon_{12} = \frac{1}{2}\left(\frac{\partial u_1}{\partial x_2} + \frac{\partial u_2}{\partial x_1}\right) = \frac{1}{2}\gamma_{12}, \tag{A.55}$$

die Hälfte der Gleitung in Abb. A.10, vgl. (A.52).

Die Verzerrungen ε_{ij} sind die Komponenten des linearisierten Verzerrungstensors ε, für den bei Koordinatendrehungen dieselben Transformationsbeziehungen wie für den Spannungstensor (A.10) gelten.

A.1.6 Deformationsrate, Verzerrungsraten

Betrachten wir die Zusammendrückung der Probe in Abb. A.7 als zeitlichen Prozess, so ist die verformte Höhe eine Funktion der Zeit $h(t)$. Sie ergibt sich mit der Bewegung der Kopfplatte $s(t)$ zu

$$h(t) = h_0 - s(t). \tag{A.56}$$

Die Kopfplatte bewegt sich mit der Geschwindigkeit

$$\dot{s} = \frac{\mathrm{d}s}{\mathrm{d}t} = \frac{\mathrm{d}(h_0 - h(t))}{\mathrm{d}t} = -\frac{\mathrm{d}h(t)}{\mathrm{d}t} = -\dot{h}. \tag{A.57}$$

Die Geschwindigkeit der obersten Materialpunkte der Probe ist also

$$v(h,t) = \dot{s} = -\dot{h}. \tag{A.58}$$

Die Geschwindigkeit der Materialpunkte ist für ein homogenes Material wie die Verschiebung linear über die Höhe verteilt

$$v(x,t) = \frac{v(h,t)}{h(t)}x. \tag{A.59}$$

Der Geschwindigkeitsgradient $\frac{\partial v}{\partial x}$ wird Deformationsrate[7] D genannt und ergibt sich hier zu

$$D = \frac{\partial v(x,t)}{\partial x} = \frac{v(h,t)}{h(t)} = -\frac{\dot{h}}{h(t)}. \tag{A.60}$$

Die Zeitableitung der ingenieurmäßigen Stauchung ist

$$\frac{d\varepsilon}{dt} = \frac{d}{dt}\frac{u(h,t)}{h_0} = \frac{d}{dt}\frac{h_0 - h(t)}{h_0} = -\frac{\dot{h}}{h_0} = \frac{h(t)}{h_0}D. \tag{A.61}$$

Die Zeitableitung der linearisierten Verzerrung ist

$$\frac{d\varepsilon}{dt} = \frac{d}{dt}\frac{u(h,t)}{h(t)} = \frac{d}{dt}\frac{h_0 - h(t)}{h(t)} = \frac{d}{dt}\left(\frac{h_0}{h(t)} - 1\right) = -\frac{h_0}{h^2(t)}\dot{h} = \frac{h_0}{h(t)}D. \tag{A.62}$$

Die Zeitableitung des logarithmischen Stauchungsmaßes ist

$$\frac{d\varepsilon^{\ln}}{dt} = \frac{d}{dt}\ln\left(\frac{h_0}{h(t)}\right) = \frac{d}{dt}\left(-\ln\left(\frac{h(t)}{h_0}\right)\right) = -\frac{h_0}{h(t)}\frac{\dot{h}}{h_0} = D. \tag{A.63}$$

Für kleine Verzerrungen gilt $h_0 \approx h(t)$ und damit

$$\frac{d\varepsilon}{dt} \approx \frac{d\varepsilon}{dt} \approx \frac{d\varepsilon^{\ln}}{dt} = D. \tag{A.64}$$

A.1.7 Spezialfälle der linearen Elastizität

Für einen allgemeinen Spannungszustand werden Spannungen und Verzerrungen zu Vektoren zusammengefasst und das Materialmodell der linearen Elastizität lautet:

$$\begin{bmatrix} \varepsilon_{11} \\ \varepsilon_{22} \\ \varepsilon_{33} \\ \gamma_{12} \\ \gamma_{23} \\ \gamma_{31} \end{bmatrix} = \begin{pmatrix} \frac{1}{E} & -\frac{v}{E} & -\frac{v}{E} & 0 & 0 & 0 \\ -\frac{v}{E} & \frac{1}{E} & -\frac{v}{E} & 0 & 0 & 0 \\ -\frac{v}{E} & -\frac{v}{E} & \frac{1}{E} & 0 & 0 & 0 \\ 0 & 0 & 0 & \frac{1}{G} & 0 & 0 \\ 0 & 0 & 0 & 0 & \frac{1}{G} & 0 \\ 0 & 0 & 0 & 0 & 0 & \frac{1}{G} \end{pmatrix} \begin{bmatrix} \sigma_{11} \\ \sigma_{22} \\ \sigma_{33} \\ \sigma_{12} \\ \sigma_{23} \\ \sigma_{31} \end{bmatrix} \tag{A.65}$$

---

[7] Andere Bezeichnungen sind Streckgeschwindigkeit oder Deformationsgeschwindigkeit.

Darin ist

$$G = \frac{E}{2(1+v)}. \tag{A.66}$$

Ebener Verzerrungszustand

Wir setzen die Verformungen in die Richtung 3 zu Null, damit sind die Verzerrungen $\varepsilon_{33} = \gamma_{13} = \gamma_{23} = 0$, und aus (A.65) folgt direkt $\sigma_{13} = \sigma_{23} = 0$. Die dritte Zeile von (A.65) ist

$$0 = -\frac{v}{E}\sigma_{11} - \frac{v}{E}\sigma_{22} + \frac{1}{E}\sigma_{33}, \tag{A.67}$$

woraus folgt

$$\sigma_{33} = v(\sigma_{11} + \sigma_{22}). \tag{A.68}$$

Das in die erste Zeile von (A.65) eingesetzt ergibt

$$E\varepsilon_{11} = \sigma_{11} - v(\sigma_{22} + \sigma_{33}) \tag{A.69}$$

$$= \sigma_{11} - v\sigma_{22} - v^2(\sigma_{11} + \sigma_{22}) \tag{A.70}$$

$$= (1-v^2)\sigma_{11} - (v+v^2)\sigma_{22} \tag{A.71}$$

und weiter

$$\frac{E}{1-v^2}\varepsilon_{11} = \sigma_{11} - \frac{v+v^2}{1-v^2}\sigma_{22} = \sigma_{11} - \frac{v(1+v)}{(1-v)(1+v)}\sigma_{22} = \sigma_{11} - \frac{v}{1-v}\sigma_{22}. \tag{A.72}$$

Analog lässt sich die zweite Zeile von (A.65) umformen und die vierte Zeile wird zu

$$\gamma_{13} = \frac{1}{G}\sigma_{13} = \frac{2(1+v)}{E}\sigma_{13} = \frac{1-v^2}{E}\frac{2(1+v)}{1-v^2}\sigma_{13} \tag{A.73}$$

$$= \frac{1-v^2}{E}\frac{2(1+v)}{(1-v)(1+v)}\sigma_{13} = \frac{1-v^2}{E}\frac{2}{1-v}\sigma_{13}. \tag{A.74}$$

Mit (A.72) und (A.74) lasst sich (A.65) für den ebenen Verzerrungszustand anschreiben zu

$$\begin{bmatrix} \varepsilon_{11} \\ \varepsilon_{22} \\ \gamma_{12} \end{bmatrix} = \frac{1-v^2}{E} \begin{pmatrix} 1 & -\frac{v}{1-v} & 0 \\ -\frac{v}{1-v} & 1 & 0 \\ 0 & 0 & \frac{2}{1-v} \end{pmatrix} \begin{bmatrix} \sigma_{11} \\ \sigma_{22} \\ \sigma_{12} \end{bmatrix}. \tag{A.75}$$

Behinderte Querdehnung

Sind die Verformungen in zwei Richtungen behindert (z.B. 2 und 3), spricht man von behinderter Querdehnung. Dieser Spezialfall folgt aus (A.75) für $\varepsilon_{22} = \gamma_{12} = 0$. Die zweite Zeile von (A.75) lautet demnach

$$\frac{E}{1-v^2}\varepsilon_{22} = \sigma_{22} - \frac{v}{1-v}\sigma_{11} = 0. \tag{A.76}$$

Daraus folgt

$$\sigma_{22} = \frac{v}{1-v}\sigma_{11}. \tag{A.77}$$

Die erste Zeile von (A.75) wird damit zu

$$\frac{E}{1-v^2}\varepsilon_{11} = \sigma_{11} - \frac{v}{1-v}\sigma_{22} \tag{A.78}$$

$$= \sigma_{11} - \frac{v^2}{(1-v)^2}\sigma_{11} \tag{A.79}$$

$$= \sigma_{11}\left(1 - \frac{v^2}{(1-v)^2}\right) \tag{A.80}$$

$$= \sigma_{11}\frac{(1-v)^2 - v^2}{(1-v)^2}. \tag{A.81}$$

Mit $1 - v^2 = (1-v)(1+v)$ und $(1-v)^2 - v^2 = 1 - 2v$ folgt daraus

$$\sigma_{11} = E\frac{1-v}{(1+v)(1-2v)}\varepsilon_{11} = E_s\varepsilon_{11}. \tag{A.82}$$

Aus der dritten Zeile von (A.75) folgt $\sigma_{12} = 0$.

A.2 Der Mohrsche Kreis

Das Mohrsche Diagramm ist für ebene Verformungszustände oder rotationssymmetrische Spannungszustände sehr einfach. Es bietet eine Visualisierung von Spannungstransformationen und kann zur Veranschaulichung von Abbruchbedingung verwendet werden. Hier werden Druckspannungen positiv betrachtet, wie es in der Bodenmechanik üblich ist.

A.2.1 Von Hauptspannungen zum allgemeinem Spannungszustand

Betrachten wir zunächst den Hauptspannungszustand $\sigma_{22} > \sigma_{33} \geq \sigma_{11}$ an einem Element in Abbildung A.11 oben. Das ist z.B. ein Problem mit ebener Verformung $\varepsilon_{33} = 0$, oder ein Triaxialversuch mit $\sigma_{11} = \sigma_{33}$.

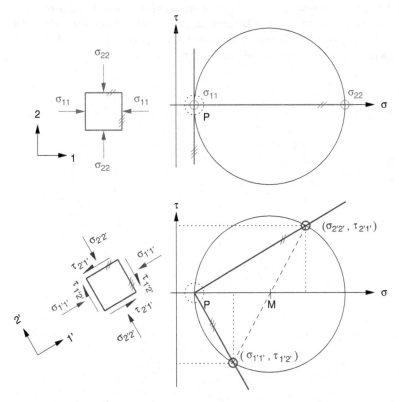

Abb. A.11 Drehung von Hauptspannungszustand in einen allgemeinen Zustand.

Die Hauptnormalspannung σ_{11} wird durch einen Punkt auf der σ-Achse ($\tau_{12} = 0$ für einen Hauptspannungszustand) abgebildet. Weiters wird die Ebene in der σ_{11} wirkt, durch eine zur Ebene parallelen Gerade durch den σ_{11}-Punkt dargestellt, hier senkrecht. Die Hauptnormalspannung σ_{22} liefert den rechten Punkt auf der σ-Achse. Damit ist der Mohrsche Kreis definiert. Die Wirkungsebene von σ_{22} wird durch eine horizontale Gerade (auf der σ-Achse) dargestellt. Der Schnittpunkt der beiden Geraden ist der Pol P.

Drehen wir nun das Koordinatensystem nach 1'-2', so ändern sich die Ebenen, in denen die Spannungen betrachtet werden, Abb. A.11 unten links. Auf der Ebene normal zu 2' wirken $\sigma_{2'2'}$ und $\tau_{2'1'}$. Die Ebene wird im Mohrschen Diagramm mittels einer zur Ebene parallelen Geraden durch den Pol dargestellt. Der Schnittpunkt mit dem Mohrschen Kreis ergibt den Spannungspunkt ($\sigma_{2'2'}$, $\tau_{2'1'}$). Projektion auf die σ-Achse liefert den Wert der Normalspannung $\sigma_{2'2'}$ und Projektion auf die τ-Achse liefert den Wert der Schubspannung $\tau_{2'1'}$. Ist der Wert der Schubspannung positiv, wirkt sie am Element so, dass sie das Element gegen den Uhrzeigersinn dreht. Eine Gerade durch den Pol parallel zur zweiten Ebene liefert den Spannungspunkt ($\sigma_{1'1'}$, $\tau_{1'2'}$) auf der unteren Hälfte des Mohrschen Kreises.

Die beiden Wirkungsebenen der Spannungen sind orthogonal und damit auch die beiden Geraden im Mohrschen Diagramm. Zusammen mit der Verbindung der beiden Spannungspunkte (über den Mittelpunkt des Kreises) sehen wir, dass der Mohrsche Kreis ein Thaleskreis ist, und dass gilt $\tau_{2'1'} = -\tau_{1'2'}$.

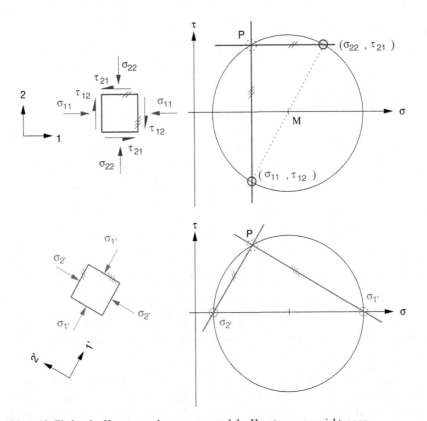

Abb. A.12 Finden der Hauptnormalspannungen und der Hauptspannungsrichtungen.

A.2.2 Finden der Hauptspannungen

Für den allgemeinen Spannungszustand in Abbildung A.12 oben links, werden die Spannungspunkte ($\sigma_{1'1'}$, $\tau_{1'2'}$) und ($\sigma_{2'2'}$, $\tau_{2'1'}$) im Mohrschen Diagramm eingetragen. Die Verbindung der beiden Punkte liefert als Schnittpunkt mit der σ-Achse den Mittelpunkt des Mohrschen Kreises, welcher damit definiert ist. Als Schnittpunkt der zu den Wirkungsebenen parallelen Geraden wird der Pol P gefunden.

Die Hauptnormalspannungen finden sich als Schnittpunkte des Mohrschen Kreises mit der σ-Achse, die Richtungen ihrer Wirkungsebenen als Geraden durch diese Punkte und den Pol. Hier wurde die übliche Bezeichnung für Hauptspannungen mit einem Index gewählt. Weiters sind die Spannungen wie oft üblich sortiert: $\sigma_1' > \sigma_2'$.

A.3 Definitionen für Ableitungen

A.3.1 Graphische Interpretation

Die Ableitung der Funktion
$$y = f(x) \tag{A.83}$$
nach x lässt sich graphisch leicht interpretieren. Die Steigung der strichlierten Geraden in Abb. A.13 ist
$$\frac{\Delta f}{\Delta x} = \frac{f(x + \Delta x) - f(x)}{\Delta x}. \tag{A.84}$$

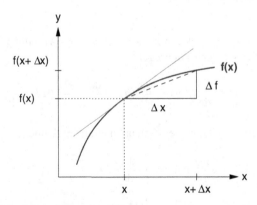

Abb. A.13 Graphische Interpretation einer Ableitung.

Für $\Delta x \to 0$ wird dies die Steigung der Tangente an die Kurve $f(x)$ an der Stelle x

$$f'(x) = \frac{df}{dx}(x) = \lim_{\Delta x \to 0} \frac{f(x + \Delta x) - f(x)}{\Delta x} = \lim_{\Delta x \to 0} \frac{\Delta f}{\Delta x}. \qquad (A.85)$$

A.3.2 Partielle Ableitung

Hängt eine Funktion von mehreren Variablen ab, werden partielle Ableitungen definiert. Wir betrachten hier als Beispiel $x = \chi(X,t)$, worin x der Funktionswert der Funktion χ mit der ersten Variablen X und der zweiten Variablen t ist. Die Funktion χ wird zur Beschreibung der Bewegung im kontinuumsmechanischen Abschnitt A.4 verwendet.

Die partielle Ableitung

$$\frac{\partial \chi}{\partial X}(X,t) = \lim_{\Delta X \to 0} \frac{\chi(X + \Delta X,t) - \chi(X,t)}{\Delta X} \qquad (A.86)$$

bedeutet die Ableitung der Funktion χ nach der ersten Variablen, bei festgehaltener zweiten und anschließendem Einsetzen der Argumente X und t.

Im gleichen Sinn bedeutet

$$\frac{\partial \chi}{\partial t}(X,t)$$

die Ableitung der Funktion χ nach der zweiten Variablen, bei festgehaltener ersten und anschließendem Einsetzen der Argumente X und t.

A.3.3 Totale Ableitung

Die totale Ableitung einer Funktion $\chi(a,b)$ nach der Zeit wird mit $\dot{\chi}(a,b)$ bezeichnet und berechnet sich nach der Kettenregel

$$\dot{\chi}(a,b) = \frac{d\chi}{dt}(a,b) = \frac{\partial \chi}{\partial a}(a,b) \cdot \frac{da}{dt} + \frac{\partial \chi}{\partial b}(a,b) \cdot \frac{db}{dt}. \qquad (A.87)$$

Ist zum Beispiel $a = A(X,t)$, wobei X nicht von t abhängt, und $b = t$, so wird das zu

$$\dot{\chi}\left(A(X,t),t\right) = \frac{\partial \chi}{\partial A}\left(A(X,t),t\right) \cdot \frac{dA}{dt}(X,t) + \frac{\partial \chi}{\partial t}\left(A(X,t),t\right) \qquad (A.88)$$

$$= \frac{\partial \chi}{\partial A}\left(A(X,t),t\right) \cdot \frac{\partial A}{\partial t}(X,t) + \frac{\partial \chi}{\partial t}\left(A(X,t),t\right). \qquad (A.89)$$

A.4 Kontinuumsmechanische Grundbegriffe

A.4.1 Koordinaten

Mit X werden in Abb. A.14 die Punkte (Materialpunkte, Teilchen) gekennzeichnet[8].

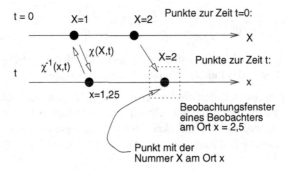

Abb. A.14 Bewegung von Punkten eines eindimensionalen Kontinuums

Der Funktionswert x der Funktion $\chi(X,t)$ ist der Ort, an dem sich das Teilchen X zur Zeit t befindet. $\chi(X,t)$ für festes X ist also eine Trajektorie bzw. Bahnlinie.

Der Funktionswert X der Funktion $\chi^{-1}(x,t)$ ist die Kennzeichnung jenes Punktes, der zur Zeit t gerade am Ort x ist.

Es gelten offensichtlich folgende Relationen:

$$\chi\left(\chi^{-1}(x,t),t\right) = x \quad \text{für alle } x \qquad (A.90)$$

$$\chi^{-1}\left(\chi(X,t),t\right) = X \quad \text{für alle } X \qquad (A.91)$$

Das bedeutet, dass χ^{-1} die Umkehrfunktion von χ ist.

Als Kennzeichnung der Punkte werden üblicherweise die Koordinaten der Punkte des Kontinuums zur Zeit $t = 0$, also $X = \chi^{-1}(x, t = 0)$, verwendet (Referenzkonfiguration). Damit sind X die sogenannten materiellen oder Lagrangekoordinaten und x die örtlichen oder Eulerkoordinaten.

---

[8] Wenn man sich endlich viele Teilchen vorstellt, kann man das auch als Nummerierung der Teilchen verstehen.

A.4.2 Zeitableitungen

Geschwindigkeit

Die Geschwindigkeit des Punktes X zum Zeitpunkt t wird durch die Tangente an die Bahnlinie beschrieben, also gerade

$$v(X,t) = \dot{\chi}(X,t) = \frac{\mathrm{d}}{\mathrm{d}t}\left[\chi(X,t)\right] = \frac{\mathrm{d}\chi}{\mathrm{d}t}(X,t) = \frac{\partial\chi(X,t)}{\partial t} \quad \text{für alle } X. \quad (A.92)$$

In diesem Fall ist das totale Differential von χ nach t gleich der partiellen Ableitung, da die Kennzeichnung des Punktes X nicht von der Zeit t abhängt.

Die Betrachtungsweise in Eulerkoordinaten bedeutet, dass ein Beobachter an einem festen Ort x sitzt und verschiedene Punkte X mit ihren Eigenschaften beobachtet. Der Beobachter sieht als Geschwindigkeit zur Zeit t die Geschwindigkeit desjenigen Punktes X, welcher zur Zeit t am Ort x ist, Abb. A.14. Diesen Punkt finden wir mit der Funktion $\chi^{-1}(x,t)$.

Die räumliche Beschreibung der Geschwindigkeit ist also:

$$u(x,t) = \frac{\mathrm{d}}{\mathrm{d}t}\left[\chi(X,t)\right]_{X=\chi^{-1}(x,t)} = \dot{\chi}\left(\chi^{-1}(x,t),t\right) \quad \text{für alle } x. \quad (A.93)$$

Bemerkung: Wenn wir speziell für $x = \chi(X,t)$ setzen, also an jener Stelle x beobachten, an der sich gerade der Punkt X zur Zeit t befindet, sehen wir, dass das gerade die Geschwindigkeit dieses Punktes ist. Unter Verwendung von (A.91) erhalten wir aus (A.93)

$$u\left(\chi(X,t),t\right) = \dot{\chi}\left(\chi^{-1}\left(\chi(X,t),t\right)\right) = \dot{\chi}(X,t) = v(X,t). \quad (A.94)$$

Beschleunigung

Die Beschleunigung ist die Änderung der Geschwindigkeit entlang der Bahnlinie $\chi(X,t)$

$$\ddot{\chi}(X,t) = \frac{\mathrm{d}}{\mathrm{d}t}\left[\dot{\chi}(X,t)\right] = \frac{\mathrm{d}\dot{\chi}}{\mathrm{d}t}(X,t) = \frac{\partial^2\chi(X,t)}{\partial t^2} = \dot{v}(X,t). \quad (A.95)$$

Bei bekannter Funktion χ und ihrer Umkehrfunktion χ^{-1} ist die Berechnung der Beschleunigung in Eulerkoordinaten einfach. Man berechnet die Beschleunigung in Lagrangekoordinaten nach (A.95) und setzt dann in das Ergebnis statt X die Funktion $\chi^{-1}(x,t)$ ein.

Ist aber die Geschwindigkeit nur in räumlicher Beschreibung $u(x,t)$ bekannt, müssen wir die Beschleunigung so ausdrücken, dass sie mit bekannten Größen berechnet werden kann. Wir berechnen die Beschleunigung jenes Punktes, der gerade am Ort x ist

$$\ddot{\chi}\left(\chi^{-1}(x,t),t\right) = \frac{\mathrm{d}}{\mathrm{d}t}\left[\dot{\chi}(X,t)\right]_{X=\chi^{-1}(x,t)}. \tag{A.96}$$

$\dot{\chi}(X,t)$ ersetzen wir nach (A.94) und erhalten somit die materielle Zeitableitung der Geschwindigkeit in Eulerkoordinaten[9]

$$\dot{u}(x,t) = \frac{\mathrm{d}}{\mathrm{d}t}\left[\underbrace{u\left(\chi(X,t),t\right)}_{\dot{\chi}(X,t)}\right]_{X=\chi^{-1}(x,t)}. \tag{A.97}$$

Das bedeutet, es wird zuerst das totale Differential von $u\left(\chi(X,t),t\right)$ gebildet, und dann der spezielle Punkt $X = \chi^{-1}(x,t)$ eingesetzt.

Anders ausgedrückt ist $\dot{u}$ die Zeitableitung von u für einen fixen Materialpunkt. Wir müssen also, um $\dot{u}$ auszurechnen, u in Lagrangekoordinaten überführen, die Zeitableitung bilden und wieder in Eulerkoordinaten zurücktransferieren (Gurtin 1981)

$$\dot{u}(x,t) = \frac{\mathrm{d}}{\mathrm{d}t}\left[u\left(\chi(X,t),t\right)\right]_{X=\chi^{-1}(x,t)} \tag{A.98}$$

$$= \left[\frac{\partial u\left(\chi(X,t),t\right)}{\partial \chi} \cdot \underbrace{\frac{\partial \chi(X,t)}{\partial t}}_{\dot{\chi}(X,t)} + \frac{\partial u\left(\chi(X,t),t\right)}{\partial t}\right]_{X=\chi^{-1}(x,t)}. \tag{A.99}$$

Darin bedeutet

$$\frac{\partial u\left(\chi(X,t),t\right)}{\partial \chi} \tag{A.100}$$

die partielle Ableitung von u nach der ersten Variablen bei festgehaltener zweiten, mit anschließendem Einsetzen von $\chi(X,t)$ für die erste Variable und t für die zweite. Die Ableitung

$$\frac{\partial \chi(X,t)}{\partial t}$$

---

[9] Eine andere Betrachtungsweise dieses Vorgehens ist folgende: An seinem festen Ort x sieht der Beobachter die Beschleunigung eines bestimmten Punktes X, und zwar jenes, der zur Zeit t gerade in x ist. Dieser Punkt bewegt sich auf der Bahnlinie $\chi(X,t)$. Wir müssen also zunächst die Geschwindigkeiten der Punkte auf ihren Bahnlinien $\chi(X,t)$ ermitteln. Das ist $\dot{\chi}(X,t) = u\left(\chi(X,t),t\right)$. Wir betrachten dann die zeitliche Änderung der Geschwindigkeiten auf diesen Bahnlinien und setzen speziell jenen Punkt ein, der zur Zeit t gerade am Ort x ist, also $X = \chi^{-1}(x,t)$.

ist nach (A.92) gleich $\dot{\chi}(X,t)$.

Setzen wir nun den Punkt $X = \chi^{-1}(x,t)$ ein, erhalten wir mit (A.90)

$$\dot{u}(x,t) = \frac{\partial u(x,t)}{\partial x} \cdot \dot{\chi}\left(\chi^{-1}(x,t),t\right) + \frac{\partial u(x,t)}{\partial t} \, . \qquad (A.101)$$

Mit (A.93) erhalten wir somit

$$\dot{u}(x,t) = \frac{\partial u(x,t)}{\partial x} \cdot u(x,t) + \frac{\partial u(x,t)}{\partial t} \, . \qquad (A.102)$$

Für eine stationäre Strömung mit gekrümmten Stromlinien ist z.B. die lokale zeitliche Änderung der Geschwindigkeit, die sogenannte *substantielle Beschleunigung*,

$$\frac{\partial u}{\partial t} = 0 \, .$$

Die sogenannte *konvektive Beschleunigung*

$$\frac{\partial u}{\partial x} \cdot u$$

ist aber nicht gleich Null, da die Teilchen nur durch eine Beschleunigung normal zu ihrer Bahnlinie (welche im stationären Fall gleich der Stromlinie ist) abgelenkt werden können.

Urheberrechte

Abb. 1.8:   Reprinted from *Journal de physique IV*, **5**, 1995, 197–205, Dynamic Recrystallization of Ice in Polar Ice Sheets, Duval, P. and Castelnau, O., with kind permission of The European Physical Journal (EPJ) and authors.

Abb. 1.9:   Mit freundlicher Genehmigung von Erland M. Schulson.

Abb. 1.44, 1.47:   Reprinted from *Engineering Fracture Mechanics*, **68**, Erland M. Schulson, Brittle failure of ice, p. 1861 and 1867, Copyright (2001), with kind permission from Elsevier.

Abb. 2.1   Reprinted from the *Annals of Glaciology* with kind permission of the International Glaciological Society and authors; Credits: Microstructure theme of Météo-France - CNRS / CNRM - GAME / CEN and ESRF / ID19.

Abb. 2.2:   Reprinted with kind permission from Furukawa, Y.; Wettlaufer, J. (2007): Snow and ice crystals. *Physics Today* **60**(12):70–71. Copyright 2007, American Institute of Physics.

Abb. 2.6, 2.11, 2.14, 2.20, 2.20(b), 2.22:   Mit freundlicher Genehmigung des Lawinenwarndienstes Tirol (Patrick Nairz).

Abb. 2.9:   The Publication is a product of the U.S. government and is not copyrighted (Information from CRREL).

Abb. 2.10:   Mit freundlicher Genehmigung von Jane Blackford.

Abb. 2.23, 2.26, 2.36, 2.46   Mit freundlicher Genehmigung des WSL-Institutes für Schnee- und Lawinenforschung SLF und der Schweizerischen Geotechnischen Kommission ETH Zürich.

Abb. 2.43(b), 2.47, 3.1, 3.6:   Mit freundlicher Genehmigung von Bernhard Lackinger.

Abb. 3.2, 3.3, 3.4:   Mit freundlicher Genehmigung von Engelbert Gleirscher.

Abb. 3.10:   Mit freundlicher Genehmigung der Wildbach- und Lawinenverbauung, Sektion Tirol.

3.27   Reprinted from the *Annals of Glaciology* with kind permission of the International Glaciological Society.

Literaturverzeichnis

ALEAN, J. (1985). Ice avalanches: some empirical information about their formation and reach. *Journal of Glaciology*, **31**(109):324–333.

AMANN, M. (2012). *Numerische Berechnungen zum Schneedruck.* Diplomarbeit, Universität Innsbruck.

BADER, H. (1962). The physics and mechanics of snow as a material. CREEL Technical Monograph II-B.

BADER, H. (1995). Analytische Lösung des Schneedruckproblems an der Wand. EAWAG, Eidgenössische Anstalt für Wasserversorgung, Abwasserreinigung und Gewässerschutz. doi:10.3929/ethz-a-004438375.

BARNES, P.; TABOR, D.; WALKER, J. (1971). The friction and creep of polycrystalline ice. *Proceedings of the Royal Society London, Series A*, **234**:127–155.

BARTELT, P.; VON MOOS, M. (2000). Triaxial tests to determine a microstructure-based snow viscosity law. *Annals of Glaciology*, **31**(1):457–462.

BLACKFORD, J. (2008). Insights into ice and snow sintering from low temperature scanning electron microscopy. Workshop on the Microstructure and Properties of Firn, Hanover. URL http://engineering.dartmouth.edu/firn/media/pdfs/firn_jane_bl%ackford.pdf.

BORSTAD, C.; MCCLUNG, D. (2011). Thin-blade penetration resistance and snow strength. *Journal of Glaciology*, **57**(202):325–336.

BUCHER, E. (1948). Beitrag zu den theoretischen Grundlagen des Lawinenverbaus. Beiträge zur Geologie der Schweiz, Geotechnische Serie, Hydrologie, Lieferung 6.

COLBECK, S. (1997). A Review of Sintering in Seasonal Snow. United States Army Corps of Engineers Cold Regions Research and Engineering Laboratory (USACRREL), Report CR 97-10.

COLBECK, S.; EVANS, R. (1973). A flow law for temperate glacier ice. *Journal of Glaciology*, **12**(4):71–86.

CRESSERI, S.; GENNA, F.; JOMMI, C. (2010). Numerical integration of an elastic-viscoplastic constitutive model for dry metamorphosed snow. *International Journal for Numerical and Analytical Methods in Geomechanics*, **34**(12):1271–1296.

CRESSERI, S.; JOMMI, C. (2005). Snow as an elastic viscoplastic bonded continuum: a modelling approach. *Rivista italiana di geotechnica*, **4**(43–58).

CUFFEY, K.; PATERSON, W. (2010). *The physics of glaciers*. Elsevier, 4. Auflage.

DE QUERVAIN, M. (1946). Kristallplastische Vorgänge im Schneeaggregat II. Mitteilungen aus dem eidg. Inst. für Schnee- und Lawinenforschung.

DE QUERVAIN, M. (1966). Measurements on the pressure at rest in a horizontal snow cover. In: *Proceedings of International Symposium on Scientific Aspects of Snow and Ice Avalanches, Davos, Switzerland, April, 1965*, Band 69 von *IAHS Publication*, S. 154–159.

DESRUES, J.; DARVE, F.; FLAVIGNY, E.; NAVARRE, J. P.; TAILLEFER, A. (1980). An incremental formulation of constitutive equations for deposited snow. *Journal of Glaciology*, **25**(92).

DUVAL, P.; CASTELNAU, O. (1995). Dynamic Recrystallization of Ice in Polar Ice Sheets. *Journal de physique IV*, **5**:197–205.

FELLIN, W.; LACKINGER, B. (2007). Foundations of cable car towers upon alpine glaciers. *Acta Geotechnica*, **2**(4):291–300.

FELLIN, W.; LACKINGER, B. (2008). Surface and aerial lifts with intermediate support structures founded upon glaciers. In: BORSDORF, A.; STÖTTER, J.; VEULLIET, E. (Hg.), *Managing Alpine Future: Proceedings of the Innsbruck Conference October 15-17, 2007*, IGF-Forschungsberichte, S. 363–370.

FIERZ, C.; ARMSTRONG, R.; DURAND, Y.; ETCHEVERS, P.; GREENE, E.; MCCLUNG, D.; NISHIMURA, K.; SATYAWALI, P.; SOKRATOV, S. (2009). The International Classification for Seasonal Snow on the Ground. IHP-VII Technical Documents in Hydrology N°83, IACS Contribution N°1, UNESCO-IHP, Paris. URL http://www.cryosphericsciences.org/snow_class.html.

FISH, A.; ZARETSKY, Y. (1997). *Ice Strength as a Function of Hydrostatic Pressure and Temperature*. Technischer Bericht 97-6, US Army Corps of Engineers, Cold Regions Research & Engineering Laboratory, New Hampshire, USA.

FLIN, F.; BRZOSKA, J.-B.; LESAFFRE, B.; COLEOU, C.; PIERITZ, R. (2004). Three-dimensional geometric measurements of snow microstructural evolution under isothermal conditions. *Annals of Glaciology*, **38**(1):39–44. doi:10.3189/172756404781814942.

FUKUZAWA, T.; NARITA, H. (1993). An experimental study on the mechanical behavior of a depth hoar under shear stress. In: *Proceedings of the International Snow Science Workshop, Breckenridge, CO, USA, 4–8 October 1992*, S. 171–175.

FURUKAWA, Y.; WETTLAUFER, J. (2007). Snow and ice crystals. *Physics Today*, **60**(12):70–71.

GABL, K.; LACKINGER, B. (Hg.) (2000). *Lawinenhandbuch*. Tyrolia-Verl., Innsbruck, 7. Auflage.

GAGNON, R.; GAMMON, P. (1995). Triaxial experiments on iceberg and glacier ice. *Journal of Glaciology*, **41**(139):528–540.

GALAHAD (2005-2008). Advanced Remote Monitoring Techniques for Glaciers, Avalanches and Landslides Hazard Mitigation. EU Project N. 018409. URL http://www.galahad.eu/, (18.5.2009).

GAUER, P.; KRONHOLM, K.; LIED, K.; KRISTENSEN, K.; BAKKEHØI, S. (2010). Can we learn more from the data underlying the statistical $\alpha - \beta$ model with respect to the dynamical behavior of avalanches? *Cold Regions Science and Technology*, **62**(1):42–54.

GLEIRSCHER, E. (2011). *Experimentelle Untersuchung von Lawinenbremsverbauten in der Mühlauer Klamm*. Diplomarbeit, Leopold-Franzens-Universität Innsbruck.

GLEN, J. (1955). The creep of polycrystalline ice. *Proceedings of the Royal Society London, Series A*, **228**(1175):519–538.

GLOSSAR Schnee und Lawinen (online). Arbeitsgruppe der Europäischen Lawinenwarndienste. URL http://waarchiv.slf.ch/index.php?id= 118, (14.05.2009).

GOLDING, N.; SCHULSON, E. M.; RENSHAW, C. E. (2010). Shear faulting and localized heating in ice: The influence of confinement. *Acta Materialia*, **58**(15):5043–5056.

GRUBER, U.; BARTELT, P.; MARGRETH, S. (2002). Kursdokumentation Teil III: Anleitung zur Berechnung von Fließlawinen. Swiss Federal Institute for Snow and Avalanche Research.

GURTIN, M. (1981). *An Introduction to Continuum Mechanics*. Academic Press Inc. ISBN 0-12-309750-9.

GZP-Richtlinien (2001). Richtlinien für die Gefahrenzonenplanung des Forsttechnischen Dienstes für Wildbach- und Lawinenverbauung, Stand: März 2001.

HAEFELI, R. (1939). Schneemechanik mit Hinweisen auf die Erdbaumechanik. Beiträge zur Geologie der Schweiz, Geotechnische Serie, Hydrologie, Lieferung 3.

HAEFELI, R. (1966). Considérations sur la pente critique et le coefficient de pression au repos de la couverture de neige. In: *In Proceedings of International Symposium on Scientific Aspects of Snow and Ice Avalanches, Davos, Switzerland, April, 1965*, Band 69 von *International Association of Hydrological Sciences Publication*, S. 141–153.

HANSEN, A.; BROWN, R. (1988). An internal state variable approach to constitutive theories for granular materials with snow as an example. *Mechanics of Materials*, **7**(2):109–119.

HOBBS, P. (1947). *Ice Physics*. Clarendon Press, Oxford.

HUNGR, O. (1995). A model for the runout analysis of rapid flow slides, debris flows, and avalanches. *Canadian Geotechnical Journal*, **32**:610–623.

HUTTER, K. (1983). *Theoretical Glaciology*. Kluwer, Dordrecht.

Ice Research Laboratory (online). Photo galleria. Thayer School of Engineering, Dartmouth College, Hanover, USA. URL http://engineering. dartmouth.edu/icelab/pictures/galleria.htm%l, (1.6.2009).

JAKOB, M.; HUNGR, O. (Hg.) (2005). *Debris-flow hazards and related phenomena*. Springer, Berlin.

JAMIESON, B.; GELDSETZER, T. (1996). *Avalanche Accidents in Canada 1984–1996.*, Band 4: 1984–1996. Canadian Avalanche Association, Revelstoke, British Columbia, Canada.

JAMIESON, J.; JOHNSTON, C. (1990). In-situ tensile strength of snow-pack layers. *Journal of Glaciology*, **36**(122):102–106.

KIM, E.; GOLDING, N.; SCHULSON, E.; LØSET, S.; RENSHAW, C. (2012). Mechanisms governing failure of ice beneath a spherically-shaped indenter. *Cold Regions Science and Technology*, **78**(0):46–63. doi:10.1016/j.coldregions.2012.01.011.

KOLYMBAS, D. (2007). *Geotechnik: Grundbau und Tunnelbau.* Springer, Berlin.

KÖRNER, H. (1969). Kinematische Betrachtungen zum Rankinschen Spannungszustand in der geneigten, kriechenden Schicht. *Felsmechanik und Ingenieurgeologie, Suppl. V*, S. 33–54.

KÜMMERLI, F. (1958). Auswertung der Druckmessungen am Druckapparat Institut (DAI). Interner Bericht des Eidg. Institutes für Schnee- und Lawinenforschung. Nr. 240.

LACHAPELLE, E. (1980). The Fundamental Processes in Conventional Avalanche Forecasting. *Journal of Glaciology*, **26**(94):75–84.

LACKINGER, B. (1991). Einwirkungen durch Schnee, Eis und Wasser. In: *VBI Fortbildungsseminar: Bauwerke bei außergewöhnlichen Belastungen, München*, S. 1–25. Verein beratende Ingenieure, Landesverband Bayern.

LACKINGER, B. (1997-2003). Eismechanische und geotechnische Gutachten Seilbahnen Stubaier Gletscher – Eisjoch 1997/98, Fernaujoch 2000, Schaufeljoch 2003. Interne Berichte.

LACKINGER, B. (2003). Schnee- und Eismechanik, Lawinenkunde. Studienblätter zur Vorlesung, Universität Innsbruck.

LAIR, M. (2004). *Festigkeit von Eis.* Diplomarbeit, Universität Innsbruck, Austria.

LANG, R.; HARRISON, W. (1995). Triaxial tests on dry, naturally occurring snow. *Cold Regions Science and Technology*, **23**(2):191–199.

LAWINEN-ATLAS (1981). *Avalanche atlas: illustrated international avalanche classification.* Nummer 2 in Natural hazards. International Association of Hydrological Sciences, International Commission on Snow and Ice, UNESCO, Paris.

LAWSON, W. (1999). The relative strengths of debris-laden basal ice and clean glacier ice: some evidence from Taylor Glacier, Antartica. *Annals of Glaciology*, **23**:270–276.

MAHAJAN, P.; BROWN, R. (1993). A microstructure based constitutive law for snow. *Annals of Glaciology*, **18**:287–294.

MAIR, R.; NAIRZ, P. (2010). *Lawine. Die 10 entscheidenden Gefahrenmuster erkennen.* Tyrolia, Innsbruck, Wien.

MANG, H.; HOFSTETTER, G. (2008). *Festigkeitslehre.* Springer, Wien, 3. Auflage.

MARGRETH, S. (2007). Lawinenverbau im Anbruchgebiet. Technische Richtlinie als Vollzugshilfe. Umwelt-Vollzug Bern, Bundesamt für Umwelt BAFU; Davos, WSL Eidg. Institut für Schnee- und Lawinenforschung SLF.

MARGRETH, S.; SUDA, J.; HOFMANN, R.; GAUER, P.; SAUERMOSER, S.; SCHLICHER, W.; SKOLAUT, C. (2011). Permanenter technischer Lawinenschutz: Bemessung und Konstruktion. In: RUDOLF-MIKLAU, F.; SAUERMOSER, S. (Hg.), *Handbuch Technischer Lawinenschutz*, Kapitel 8, S. 207–293. Ernst & Sohn, Berlin.

MCDOUGALL, S.; HUNGR, O. (2004). A model for the analysis of rapid landslide motion across three-dimensional terrain. *Canadian Geotechnical Journal*, **41**(6):1084–1096.

MCDOUGALL, S.; HUNGR, O. (2005). Dynamic modelling of entrainment in rapid landslides. *Canadian Geotechnical Journal*, **42**(5):1437–1448.

MEDINA, V.; HÜRLIMANN, M.; BATEMAN, A. (2008). Application of FLATModel, a 2D finite volume code, to debris flows in the northeastern part of the Iberian Peninsula. *Landslides*, **5**(1):127–142. doi:10.1007/s10346-007-0102-3.

MELLOR, M. (1964). Properties of Snow. Cold Regions Research and Engineering Laboratory, Monograph III-A1. Hanover, New Hampshire.

MELLOR, M. (1975). A Review of Basic Snow Mechanics. In: *Snow Mechanics Symposium; Proceeding of the Grindelwald Symposium, Grindelwald, Bernese Oberland (Switzerland) April 1974*, Band 114 von *International Association of Hydrological Sciences Publication*, S. 251–291.

MICHEL, B.; RAMSEIER, R. (1971). Classification of river and lake ice. *Canadian Geotechnical Journal*, **8**(1):36–45. doi:10.1139/t71-004.

MISHRA, A.; MAHAJAN, P. (2004). A constitutive law for snow taking into account the compressibility. *Annals of Glaciolog*, **38**:145–149.

NAIRZ, P.; SAUERMOSER, S.; KLEEMAYER, K.; GABL, K.; MARGRETH, S. (2011). Lawinen: Entstehung und Wirkung. In: RUDOLF-MIKLAU, F.; SAUERMOSER, S. (Hg.), *Handbuch Technischer Lawinenschutz*, Kapitel 3, S. 21–62. Ernst & Sohn, Berlin.

NARITA, H. (1980). Mechanical behavior and structure of snow under uniaxial tensile stress. *Journal of Glaciology*, **26**:275–282.

NAVARRE, J.; MEYSSONNIER, J.; VAGNON, A. (2007). 3D numerical model of snow deformation without failure and its application to cold room mechanical tests. *Cold Regions Science and Technology*, **50**(1–3):3–12.

NICOT, F. (2004). Constitutive modelling of snow as a cohesive-granular material. *Granular Matter*, **6**(1):47–60.

NICOT, F.; DARVE, F. (2005). A micro-directional model for cohesive-frictional materials: application to snowpack. *Rivista Italiana di Geotecnica*, **4**:59–69.

NIEHUS, C. (2002). Evaluation of Factors Affecting Ice Forces at Selected Bridges in South Dakota. Water-Resources Investigations Report 02-4158. U.S. Department of the Interior, U.S. Geological Survey, Denver.

NIXON, J.; MCROBERTS, E. (1976). A design approach for pile foundations in permafrost. *Canadian Geotechnical Journal*, **13**(40).

NORTON, F. (1929). *Creep of steel at high temperatur*. Mc Graw-Hil, New York.

NYE, J. (1953). The flow law of ice from measurements in glacier tunnels laboratory experiments and the Jungfraufirn borehole experiment. *Proceedings of the Royal Society London, Series A*, **219**(1139):477–489.

ÖNORM B 1991-1-3 (2006). Eurocode 1 – Einwirkungen auf Tragwerke Teil 1-3: Allgemeine Einwirkungen – Schneelasten, Nationale Festlegungen zur ÖNORM EN 1991-1-3, nationale Erläuterungen und nationale Ergänzungen. Österreichisches Normungsinstitut. Ausgabe 2006-04-01.

ÖNORM EN 1990 (2003). Eurocode – Grundlagen der Tragwerksplanung. Österreichisches Normungsinstitut. Ausgabe 2003-03-01.

ÖNORM EN 1991-1-3 (2005). Eurocode 1 – Einwirkungen auf Tragwerke Teil 1-3: Allgemeine Einwirkungen, Schneelasten. Österreichisches Normungsinstitut. Ausgabe 2005-08-01.

ONR 24805 (2010). Permanenter technischer Lawinenschutz – Benennungen und Definitionen sowie statische und dynamische Einwirkungen. Österreichisches Normungsinstitut. Ausgabe 2010-06-01.

PATERSON, W. (2001). *The physics of glaciers.* Butterworth - Heinemann, Oxford, 3. Auflage.

PERZYNA, P. (1963). The constitutive equations for rate-sensitive plastic materials. *Quarterly of Applied Mathematics,* **20**(4):321–332.

PIRULLI, M.; PASTOR, M. (2012). Numerical study on the entrainment of bed material into rapid landslides. *Géotechnique,* **62**(11):959–972. doi:10.1680/geot.10.P.074.

POULOS, H.; DAVIS, E. (1974). *Elastic solutions for soil and rock mechanics.* Wiley, New York.

PRANDTL, L. (1920). Über die Härte plastischer Körper. *Nachrichten von der Königlichen Gesellschaft der Wissenschaften zu Göttingen,* S. 74–85.

PUDASAINI, S.; HUTTER, K. (2006). *Avalanche Dynamics: Dynamics of Rapid Flows of Dense Granular Avalanches.* Springer, Berlin.

REIWEGER, I.; SCHWEIZER, J. (2008). Experiments on failure of layered materials. Deliverable no. 1.5.1 of EU-Projekt no. 043386: Triggering instabilities in materials and geosystems (TRIGS).

ROSCOE, K.; BURLAND, J. (1968). On generalised stress strain behaviour of wet clay. In: *Engineering Plasticity,* S. 535–609. Cambridge University Press.

ROSCOE, K.; SCHOFIELD, A.; WROTH, C. (1958). On the Yielding of Soils. *Geotechnique,* **8**:22–53.

RUDOLF-MIKLAU, F.; MARGRETH, S.; RAPIN, F.; ZENKE, B.; ISHII, Y.; POLLINGER, R.; KRISTENSEN, K.; JOHANNESSON, T.; OLLER, P.; MEARS, A.; STETHAM, C. (2011). Technischer Lawinenschutz international: Zahlen und Fakten. In: RUDOLF-MIKLAU, F.; SAUERMOSER, S. (Hg.), *Handbuch Technischer Lawinenschutz,* Kapitel 13, S. 409–432. Ernst & Sohn, Berlin.

RUDOLF-MIKLAU, F.; SAUERMOSER, S. (Hg.) (2011). *Handbuch Technischer Lawinenschutz.* Ernst & Sohn, Berlin.

SAILER, R.; FELLIN, W.; FROMM, R.; JORG, P.; RAMMER, L.; SAMPL, P.; SCHAFFHAUSER, A. (2008). Snow avalanche mass-balance calculation and simulation-model verification. *Annals of Glaciology,* **48**(1):183–192.

SALM, B. (1975). A constitutive equation for creeping snow. In: *Snow Mechanics: Proceedings of a symposium held at Grindelwald, April 1974,* Band 114 von *IAHS Publication,* S. 222–235.

SALM, B. (1977). Snow forces. *Journal of Glaciology*, **19**(81):67–100.

SALM, B. (1995). Snow Slab Release, its Mechanism and Conclusion for the Arrangements of Supporting Structures. *Defence Science Journal*, **45**(2):125–129.

SALM, B.; BURKHARD, A.; GUBLER, H. (1990). Berechnungen von Fließlawinen: Eine Anleitung für Praktiker mit Beispielen. Mitteilungen des Eidgenössischen Institutes für Schnee- und Lawinenforschung. Nr. 47.

SAMMONDS, P. R.; MURRELL, S. A. F.; RIST, M. A. (1998). Fracture of multiyear sea ice. *Journal of Geophysical Research: Oceans*, **103**(C10):21795–21815. doi:10.1029/98JC01260.

SAMPL, P. (2007). *SamosAT-Modelltheorie und Numerik*. AVL List GmbH, Graz.

SANDERSON, T. (1988). *Ice Mechanics: Risk to Offshore Structures*. Graham & Trotman, London.

SAUERMOSER, S.; GRANIG, M.; KLEEMAYER, K.; GABL, K.; MARGRETH, S. (2011). Grundlagen und Modelle der Lawinendynamik und Lawinenwirkung. In: RUDOLF-MIKLAU, F.; SAUERMOSER, S. (Hg.), *Handbuch Technischer Lawinenschutz*, Kapitel 4, S. 63–101. Ernst & Sohn, Berlin.

SAVAGE, S.; HUTTER, K. (1989). The motion of a finite mass of granular material down a rough incline. *Journal of Fluid Mechanics*, **199**:177–215.

SCAPOZZA, C. (2004). *Entwicklung eines dichte- und temperaturabhängigen Stoffgesetzes zur Beschreibung des visko-elastischen Verhaltens von Schnee*, Band 221 von *Veröffentlichungen des Instituts für Geotechnik (IGT) der ETH Zürich*. Hochschulverlag an der ETH, Zürich.

SCAPOZZA, C.; BARTELT, P. (2003). Triaxial tests on snow at low strain rate. Part II. Constitutive behaviour. *Journal of Glaciology*, **49**(164):91–101.

SCHNEEBELI, M.; PIELMEIER, C.; JOHNSON, J. (1999). Measuring snow microstructure and hardness using a high resolution penetrometer. *Cold Regions Science and Technology*, **26**:101–114.

SCHULSON, E. (2001). Brittle failure of ice. *Engineering Fracture Mechanics*, **68**:1839–1887.

SCHULSON, E. (2002). Compressive shear faults in ice: plastic vs. Coulombic faults. *Acta Materialia*, **50**:3415–3424.

SCHULSON, E.; GRATZ, E. (1998). The brittle compressive failure of orthotropic ice under triaxial loading. *Acta Materialia*, **47**(3):745–755.

SCHULSON, E.; LIM, P.; LEE, R. (1984). A brittle to ductile transition in ice under tension. *Phil Mag A*, **49**:353–363.

SCHULSON, E. M.; DUVAL, P. (2009). *Creep and Fracture of Ice*. Cambridge University Press.

SCHWEIZER, J. (1998). Laboratory experiments on shear failure of snow. *Annals of Glaciology*, **26**:97–102.

SCHWEIZER, J. (1999). Review of dry snow slab avalanche release. *Cold Regions Science and Technology*, **30**(1-3):43–57.

SCHWEIZER, J.; BRUCE JAMIESON, J.; SCHNEEBELI, M. (2003). Snow avalanche formation. *Reviews of Geophysics*, **41**(4). doi:10.1029/2002RG000123.

SHAPIRO, L.; JOHNSON, J.; STURM, M.; BLAISDELL, G. (1997). Snow Mechanics: Review of the state of knowledge and applications. United States Army

Corps of Engineers Cold Regions Research and Engineering Laboratory (USA-CRREL), Report CR 97-03.

SINHA, N. (1978a). Short-term rheology of polycrystalline ice. *Journal of Glaciology*, **21**(85):457–473.

SINHA, N. (1978b). Rheology of columnar-grained ice. *Experimental Mechanics*, **18**(12):464–470.

SINHA, N. (1979). Grain-size influence on effective modulus of ice. In: *Workshop on Bearing Capacity of Ice Covers*, Band 123 von *Technical Memorandum*, S. 65–79. National Research Council of Canada, Associate Committee on Geotechnical Research.

SINHA, N. (1983). Creep model of ice for monotonically increasing stress. *Cold Regions Science and Technology*, **8**:25–33.

STARK, R. (2006). *Festigkeitslehre: Aufgaben und Lösungen*. Spinger, Wien.

STEFANOWITSCH, A. (online). Schneeschmelze. Bremer Sprachblog,. URL `http://www.iaas.uni-bremen.de/sprachblog/2007/01/29/schneesch%melze/`, 29.1.2007.

STEINEMANN, S. (1958). *Experimentelle Untersuchungen zur Plastizität von Eis*. Dissertation, ETH Zürich. doi:10.3929/ethz-a-000096707. URL `http://e-collection.library.ethz.ch/view/eth:33606`.

TANGL, A.; UNTERBERGER, D.; KRONTHALER, G.; RIEDL, H.; SCHWEIZER, J.; KRANEBITTER, K.; WINKLER, M.; NAIRZ, P.; MAIR, P.; PLATTNER, P.; MAIR, R.; WÜRTL, W.; ZÖRER, W. (2009). *Ausbildungshandbuch der Tiroler Lawinenkommissionen*. Amt der Tiroler Landesregierung, Abteilung für Zivil- und Katastrophenschutz, Lawinenkommissionsangelegenheiten, Innsbruck.

VOELLMY, A. (1955). Über die Zerstörkraft von Lawinen. *Schweizerische Bauzeitung*, **73**(12, 15, 17, 19, 37):159–162, 212–217, 246–249, 280–285.

VON MOOS, M. (2001). *Untersuchungen über das visko-elastische Verhalten von Schnee auf der Grundlage von triaxialen Kriechversuchen*, Band 214 von *Veröffentlichungen des Instituts für Geotechnik (IGT) der ETH Zürich*. Hochschulverlag an der ETH, Zürich.

WEISS, J.; SCHULSON, E. (1995). The failure of fresh-water granular ice under multiaxial compressive loading. *Acta Metallurgica et Materialia, Volume 43, Issue 6, June 1995, Pages 2303-2315*, **43**(6):2303–2315.

WINKLER, K.; SCHWEIZER, J. (2009). Comparison of snow stability tests: Extended column test, rutschblock test and compression test. *Cold Regions Science and Technology*, **59**(2-3):217–226.

Sachverzeichnis